U0222349

每天一碗汤，长寿又健康
喝汤喝得对，健康又护胃

每天对症喝碗
广东靓汤
疾病一扫光

| 张明 编著 |

天津出版传媒集团

天津科学技术出版社

图书在版编目（CIP）数据

每天对症喝碗广东靓汤疾病一扫光 / 张明编著 . —天津：天津科学技术出版社，2013.8
（2021.4 重印）

ISBN 978-7-5308-8105-7

Ⅰ . ①每… Ⅱ . ①张… Ⅲ . ①汤菜 – 食物疗法 – 菜谱 – 广东省 Ⅳ. ① R247.1 ② TS972.122

中国版本图书馆 CIP 数据核字（2013）第 165000 号

每天对症喝碗广东靓汤疾病一扫光

MEITIAN DUIZHENG HEWAN GUANGDONG LIANGTANG JIBING YISAOGUANG

责任编辑：孟祥刚

责任印制：兰　毅

出　　版：天津出版传媒集团
　　　　　天津科学技术出版社

地　　址：天津市西康路 35 号

邮　　编：300051

电　　话：（022）23332490

网　　址：www.tjkjcbs.com.cn

发　　行：新华书店经销

印　　刷：北京一鑫印务有限责任公司

开本 720×1020　1/16　印张 18　字数 300 000

2021 年 4 月第 1 版第 3 次印刷

定价：55.00 元

前言

饭前一碗汤，长寿又健康。

汤，是中国人餐桌上必不可少的角色，喝汤是中国人自古延续至今的饮食传统，也是公认的最好的滋补、养生方式。那一碗碗香浓醇美的靓汤，包含着对家人的殷切关怀与深深的爱。

汤不仅好喝、养生，还能治病。人吃五谷杂粮，有喜怒哀乐，难免被各种病痛折磨，汤水中的营养更易于人体吸收，因而多喝汤对治病养生大有裨益。喝汤是一门学问，多喝骨汤抗衰老，多喝鸡汤防感冒，多喝鱼汤治哮喘，多喝菜汤解体衰……只要选择正确，喝汤甚至比打针吃药效果更好。每个人根据自身的状况进行选择，都能达到抗衰治病的效果。

在我国，广东人对汤最有研究，喝汤是他们传统的防病治病、扶持虚弱的自我保健方法之一。广东靓汤通过食物的巧妙搭配、火候的科学把握，针对不同的症状和需求烹制出各种不同功效的汤品。汤中不仅包含了各种新鲜食材的补益功效，还囊括了各种药材的综合作用，能有效营养脏腑、滋润关节、补虚健体。

那么，如何才能通过喝汤调理来达到强身祛病的目的呢？本书秉承传统的"以食为养"观念，以日常生活中最常见的100余种病症的调养需要为立足点，聘请食疗养生专家精心编写了近300个防病治病的广东汤谱，分为常见小病、现代病、内科疾病、外科疾病、妇科疾病、男科疾病、儿科疾病七大部分，各有侧重，涉及儿童、中年人、老年人、上班族等不同的人群，内容详尽、全面、实用。本书中的汤品烹饪步骤清晰，详略得当，同时配以精美的图片，读者可以一目了然地了解靓汤的制作方法，易于操作。

每天对症喝碗广东靓汤，不用医生开药方。愿本书成为您健康人生的好帮手。

第一章
常见小病食疗好汤膳

第二章

现代病食疗好汤膳

第三章

内科疾病食疗好汤膳

第四章

外科疾病食疗好汤膳

第五章
妇科疾病食疗好汤膳

目录 Contents

第六章
男科疾病食疗好汤膳

第七章
儿科疾病食疗好汤膳

目录 Contents

第一章

常见小病
食疗好汤膳

感冒

感冒是一种自愈性疾病，总体上分为普通感冒和流行性感冒。普通感冒，中医称"伤风"，是由多种病毒引起的一种呼吸道常见病，虽多发于初冬，但任何季节，如春天、夏天也可发生，不同季节感冒的致病病毒并非完全一样。流行性感冒是由流感病毒引起的急性呼吸道传染病。从中医角度来讲，感冒通常分为风寒感冒、风热感冒、暑湿感冒。

【典型症状】

风寒感冒为恶寒重，鼻痒喷嚏，鼻塞声重，咳嗽，痰白或者清稀，流清涕等。
风热感冒为微恶风寒，发热重，有汗，鼻塞，流浊涕，痰稠或黄，咽喉肿等。
暑湿感冒为身热不扬，头身困重，头痛如裹，胸闷纳呆，汗出不解等。

【家庭防治】

在大口茶杯中，装入开水一杯，面部俯于其上，对着袅袅上升的热蒸气，深呼吸，直到杯中水变凉为止，每日数次。此法治疗感冒，特别是初发感冒效果较好。

民间小偏方 [壹]

【用法用量】蜂蜜每日早晚2次冲服。

【功效】可有效地防治感冒及其他病毒性疾病。

民间小偏方 [贰]

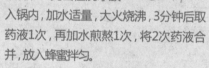

【用法用量】将30克金银花、10克山楂洗净放入锅内，加水适量，大火烧沸，3分钟后取药液1次，再加水煎熬1次，将2次药液合并，放入蜂蜜拌匀。

【功效】辛凉解表、清热解毒。

【推荐药材食材】

板蓝根

◎清热解毒、凉血利咽，主治温毒发斑、高热头痛、大头瘟疫、流行性感冒等。

桑叶

◎疏散风热、清肺润燥、清肝明目，主治风热感冒、肺热燥咳、目赤昏花等。

连翘

◎清热解毒、消肿散结，主治痈疽、瘰疬、乳痈、丹毒、风热感冒等。

汤膳食疗 桑叶茅根瘦肉汤

◎原材料

桑叶15克、茅根15克、泡
发黄豆100克、猪瘦肉500克。

◎调味料

生姜3片、盐适量。

◎做 法

①将桑叶、茅根、生姜片洗净；黄豆先
浸泡片刻，再洗净；瘦肉洗净，切块。

②锅内烧水，水开后放入瘦肉飞水，再
捞出洗净。

③将全部材料一起放入煲内，大火
烧沸，再用小火煲约40分钟，加盐
调味即可。

【功效详解】

●桑叶散风热而泄肺热，对外感风
热、头痛、咳嗽有一定作用，常与菊
花、薄荷、前胡、桔梗等配合应用。
茅根有清热解毒、益肺生津的作用，
与桑叶合而为汤，泄热之力益强。此
汤可辅助治疗风热感冒，症见发热加
重、头痛、咽喉红肿干涩疼痛。

汤膳食疗 板蓝根炖猪腱汤

◎原材料

板蓝根8克、猪腱100克、
蜜枣2颗。

◎调味料

盐、米酒各适量。

◎做 法

①将猪腱肉清洗干净，切成大片，备用。

②将板蓝根片除去杂质，用清水略为冲
洗一下备用。

③将猪腱与板蓝根一起放入炖盅内，
用猛火隔水蒸3小时，至肉将熟时加
入调味料调匀即可，将汤保温至需饮
用时随服。

【功效详解】

●板蓝根性凉、寒，味苦，适用于风
热感冒、流行性感冒，而风寒感冒、
体虚感冒等不宜使用。《江苏验方草
药选编》有记载："板蓝根一两，羌
活五钱。煎汤，一日二次分服，连服
二至三日。"此汤对风热感冒有较好
的食疗作用，退热之力较强。

发热

体温高出正常标准0.5℃，或有身热不适的感觉，都属于发热。发热原因分为外感、内伤两类。外感发热，因感受六淫之邪及疫疠之气所致；内伤发热，多由饮食劳倦或七情变化，导致阴阳失调、气血虚衰所致。

【典型症状】

外感发热：发热，头痛，怕冷，无汗，鼻塞，流涕，苔薄白，指纹鲜红，为风寒；发热，微汗出，口干，咽痛，鼻流黄涕，苔薄黄，指纹红紫，为风热。

阴虚发热：午后发热，手足心热，形瘦，盗汗，食欲减退，脉细数，舌红苔剥，指纹淡紫。

肺胃实热：高热，面红，气促，不思饮食，便秘烦躁，渴而引饮，舌红苔燥，指纹深紫。

【家庭防治】

如果高烧让你无法耐受，可以采用冷敷的方法帮助降低体温。在额头、手腕、小腿上各放一块湿冷毛巾，其他部位应以衣物盖住。当冷敷布达到体温时，应换一次，反复直到烧退为止。也可将冰块包在布袋里，放在额头上。

民间小偏方 [壹]

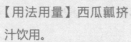

【用法用量】梨汁、荸荠汁、鲜苇根汁、麦冬汁、藕汁，五汁和匀凉服，也可炖温服。

【功效】能缓解发烧症状。

民间小偏方 [贰]

【用法用量】西瓜瓤挤汁饮用。

【功效】可缓解发热。

【推荐药材食材】

芦根

◎清热、生津、除烦、止呕，主治热病烦渴、胃热呕吐、噎膈、反胃、肺痿、肺痈。

荷叶

◎清热解暑、升发清阳、散瘀止血，主治暑湿烦渴、风热不退、头痛眩晕、脾虚腹胀。

绿豆

◎具有清热解毒、除湿利尿、消暑解渴的功效，多喝绿豆汤有利于清热、排毒、消肿。

汤膳食疗 绿豆荷叶牛蛙汤

◎原材料

绿豆100克、荷叶150克、牛蛙500克。

◎调味料

盐5克。

◎做 法

①绿豆洗净，浸泡1小时。

②荷叶洗净，切成条丝状。

③牛蛙去头、皮及内脏，洗净。

④将1300毫升清水放入瓦煲内，煮沸后加入以上材料，武火煲沸后，改用文火煲1小时，加盐调味即可。

【功效详解】

● 绿豆，《本草汇言》说其能"清暑热，静烦热，润燥热，解毒热"；《会约医镜》说其能"清火清痰"；《本草经疏》言："绿豆，甘寒能除热下气解毒。"荷叶亦有清热之效。两者合用，对发热、暑热烦躁等症有食疗作用。

汤膳食疗 西瓜皮荷叶海蜇汤

◎原材料

浸发海蜇、西瓜皮各250克，鲜丝瓜500克，鲜扁豆100克，荷叶1张。

◎调味料

盐少许。

◎做 法

①海蜇、西瓜皮、丝瓜洗净，切块。

②荷叶洗净；扁豆洗净，择去老筋。

③将适量清水放入锅中，煮沸，放入海蜇、西瓜皮、扁豆、荷叶、丝瓜，大火煮沸后改中火煮约30分钟，至材料熟烂后加盐调味即可。

【功效详解】

● 西瓜皮性凉，味甘，能清热除烦。西瓜最外面的绿皮寒性大于西瓜白色果皮。因此，西瓜绿皮清热作用最强，白皮次之，红瓤最弱。海蜇有清热解毒、化痰软坚、降压消肿之功。海蜇、西瓜皮、丝瓜三者合而为汤，有退热、解毒、除烦之效。

咳嗽

咳嗽是人体的一种保护性呼吸反射动作。咳嗽的产生，是由于异物、刺激性气体、呼吸道内分泌物等刺激呼吸道黏膜里的感受器时，冲动通过传入神经纤维传到延髓咳嗽中枢，引起咳嗽。

【典型症状】

风寒咳嗽：咳嗽，咽痒，咳痰清稀，鼻塞流清涕等。

风热咳嗽：咳嗽，痰黄黏稠，鼻流浊涕，咽红口干等。

痰湿咳嗽：咳嗽痰多，痰液清稀，早晚咳重，常伴有食欲不振、口水较多等症。

痰热咳嗽：咳嗽，吐黄痰，伴口渴、唇红、尿黄、便干等症。

气虚咳嗽：咳嗽日久不愈，咳声无力，痰液清稀，面白多汗等。

阴虚咳嗽：干咳少痰，咳久不愈，常伴形体消瘦、口干咽燥、手足心热等症。

【家庭防治】

风热咳嗽，并伴有咽痛、扁桃体发炎的患者可以采用脚底按摩的方法。先上下来回地搓脚心，每只脚搓30下，然后每个脚趾都上下按摩20～40下，可很快缓解咳嗽症状。

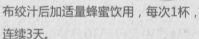

民间小偏方 [壹]

【用法用量】咳嗽痰多时，可研磨藕根，用纱布绞汁后加适量蜂蜜饮用，每次1杯，连续3天。

【功效】能有效清痰，缓解咳嗽。

民间小偏方 [贰]

【用法用量】姜切成小丁，用纱布包好，在微波炉里转几秒钟加热，用其擦整个背部。冷后再转热，再擦，反复两三次。每天早中晚擦三次。

【功效】治疗小儿咳嗽效果奇佳。

【推荐药材食材】

川贝母

◎清热润肺、化痰止咳，主治肺热燥咳、干咳少痰、阴虚劳嗽、咳痰带血。

杏仁

◎功专降气，气降则痰消嗽止。主治外感咳嗽、喘满、伤燥咳嗽。

罗汉果

◎止咳清热、清肺润肠，主治百日咳、痰火咳嗽、血燥便秘。

汤膳食疗 川贝蜜梨猪肺汤

◎原材料

猪肺半个、川贝母15克、蜜梨4个。

◎调味料

盐适量。

◎做 法

①猪肺切厚片，泡水中用手挤洗干净，放入开水中煮5分钟，捞起过水，沥干。

②蜜梨洗净，连皮切4块，去核；川贝母洗净备用。

③把全部材料放入开水锅内，武火煮沸后，转文火煲2~3小时，用盐调味。

【功效详解】

● 梨性寒凉，含水量多，食后满口清凉，既有营养，又解热症，可止咳生津、清心润喉、降火解暑，为夏秋热病之清凉果品。川贝性凉，味苦、甘，归肺经，有清热化痰、润肺散结之功。此汤主要适用于风热咳嗽，症见咳嗽，痰多黄稠，苔黄舌红，脉浮数。

汤膳食疗 杏仁百合猪肺汤

◎原材料

猪肺半个、百合20克、杏仁25克、蜜枣5颗。

◎调味料

盐适量。

◎做 法

①将猪肺用水洗净，切成小块，挤除泡沫，洗净滤干；将百合、杏仁洗净。

②猪肺、百合、杏仁、蜜枣同放砂煲里，加水适量；用文火煲3小时，用盐调味后食用。

【功效详解】

● 杏仁中含有苦杏仁苷，苦杏仁苷在体内能被肠道微生物酶或杏仁本身所含的苦杏仁酶水解，产生微量的氢氰酸与苯甲醛，对呼吸中枢有抑制作用，起到镇咳、平喘作用。猪肺因其性平，老幼皆宜。此汤可用于治疗肺虚咳嗽、久咳咯血等症。

头痛

头痛是指额、顶、颞及枕部的疼痛。头痛是一种常见的症状，在许多疾病进展过程中都可以出现，大多无特异性，但有些头痛症状却是严重疾病的信号。头痛的种类有昏痛、隐痛、胀痛、跳痛、刺痛或头痛如裂。中医认为，本病也称"头风"，多因外邪侵袭，或内伤诸疾，导致气血逆乱，瘀阻脑络、脑失所养所致。

【 典型症状 】

头痛通常是指局限于头颅上半部，包括眉弓、耳轮上缘和枕外隆突连线以上部位的疼痛。

【 家庭防治 】

脚心中央凹陷处是肾经涌泉穴，手掌心凹陷处是心包经劳宫穴，如果经常搓脚心手心，可以有效缓解头痛。

民间小偏方 [壹]

【用法用量】取当归30克、好米酒1000克，将当归洗净，与米酒一同煎煮，煮至600毫升即成，装瓶备用。

【功效】活血养血。用于血虚夹瘀所致的头痛，其痛如细筋牵引或针刺，痛连眼角。

民间小偏方 [贰]

【用法用量】丝瓜藤、苦瓜藤各50克，炒枯碾末，每次用开水送服10~12克。

【功效】可减轻头痛症状。

【 推荐药材食材 】

川芎

◎上行头目、祛风止痛，治诸风上攻、头目昏重、偏正头痛。

白芷

◎其气芳香，能通九窍，主治感冒头痛、眉棱骨痛、目睛疼痛。

天麻

◎主治头风、头痛、头晕虚旋、癫痫强痉、四肢挛急、语言不顺。

汤膳食疗 川芎当归羊肉汤

◎原材料

川芎15克、当归10克、羊肉300克。

◎调味料

生姜片5克，八角、陈皮、胡椒、盐各适量。

◎做 法

①川芎、当归洗净；羊肉洗净，切块。

②锅内加水烧开，放入羊肉焯去表面血迹，捞出洗净。

③川芎、当归、羊肉、生姜片、八角、陈皮、胡椒一起放入瓦煲内，加适量清水，猛火煮开后改用文火煲2小时，加盐调味即可。

【功效详解】

● 羊肉能暖中补虚、补中益气，当归在补血的同时又能和血，羊肉、当归相配，既能补气，又能补血。再加上川芎，则可治因气虚、血虚或气血双虚引起的头痛。此汤适用于因气血两虚引起的头痛。

汤膳食疗 川芎炖鸭汤

◎原材料

川芎10克、薏米20克、鸭子半只。

◎调味料

料酒20毫升、生姜片5克、盐适量。

◎做 法

①将川芎、薏米洗净；鸭子宰杀，去内脏，洗净，斩块。

②锅内烧水，水开后放入鸭肉块滚去血污，再捞出洗净。

③将鸭肉、药材、生姜片一起放入炖盅内，加入适量开水，大火炖开后，改用小火炖1小时，用盐调味即可。

【功效详解】

● 《医学传心录·治病主要诀》称"头痛必须用川芎，不愈各加引经药"。川芎，辛可散邪，温能通行，"气善走窜"，为血中气药，走而不守。此汤重用川芎，善治风寒湿邪阻络、气血失和、瘀血阻滞引起的各种痛症，尤以治头痛为至要。

鼻炎

　　鼻炎是鼻黏膜或黏膜下组织因为病毒感染、病菌感染、刺激物刺激等，导致鼻黏膜或黏膜下组织受损，引起的急性或慢性炎症。鼻炎大多是由着凉感冒引起的，要加强锻炼，增强抵抗力，如晨跑、游泳、冷水浴、冷水洗脸等都可增强体质，提高人体对寒冷的耐受力。避免过度疲劳、睡眠不足、受凉、吸烟、饮酒等，因为这些因素能使人体抵抗力下降，造成鼻黏膜调节功能变差，病毒乘虚而入而导致发病。

【 典型症状 】

鼻塞，多涕，嗅觉下降，头沉，头痛，头昏，食欲不振，易疲劳。

【 家庭防治 】

用手指在鼻部两侧自上而下反复揉捏鼻部5分钟，然后轻轻点按迎香（在鼻翼旁的鼻唇沟凹陷处）和上迎香（鼻唇沟上端尽头）各1分钟。每天用手指推压迎香穴36～100下。

民间小偏方 [壹]

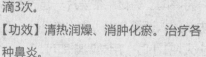

【用法用量】以香油滴入每侧鼻腔3滴，每日滴3次。

【功效】清热润燥、消肿化瘀。治疗各种鼻炎。

民间小偏方 [贰]

【用法用量】老干丝瓜2条，烧灰研末保存。

每次服15克，每日早晨用开水送服。

【功效】化瘀、解毒。主治鼻窦炎、副鼻窦炎流臭鼻涕。

【 推荐药材食材 】

辛夷

◎散风寒、通鼻窍，主治风寒头痛、鼻塞、鼻渊、鼻流浊涕。

苍耳子

◎散风除湿、通鼻窍，主治风寒头痛、鼻渊流涕、风疹瘙痒、湿痹拘挛。

大蒜

◎其气熏烈，能通五脏、达诸窍。其性热善散，可通鼻窍。

汤膳食疗 辛夷排骨冬瓜汤

◎原材料

排骨200克、冬瓜300克、辛夷少许。

◎调味料

生姜、盐各适量。

◎做　法

①排骨洗净斩件，以滚水煮过，备用。

②冬瓜去子，洗净后切块状；生姜洗净，切片；辛夷洗净。

③排骨、生姜、辛夷同时下锅，加清水，以大火烧开后转小火炖约1小时，加入冬瓜块，继续炖至冬瓜块变透明，加盐调味即可。

【功效详解】

● 鼻炎与中医的"鼻渊"类似。辛夷，性温，味辛微苦，为治鼻炎的要药。《本草新编》说："辛夷，通窍而上走于脑舍，（治）鼻塞鼻渊之症。"《别录》说其能"温中解肌，利九窍，通鼻塞、涕出"。此汤用于治鼻炎，收效甚好，但用量不宜过大。

汤膳食疗 大蒜牛蛙汤

◎原材料

牛蛙2只、干贝5克、大蒜头80克。

◎调味料

生姜片5克、米酒20毫升、盐10克、油适量。

◎做　法

①牛蛙宰杀洗净，氽烫，捞起备用。

②大蒜头去皮，用刀背稍拍一下。

③锅上火，加油烧热，将大蒜头放入锅里炸至呈金黄色，待蒜味散出盛起备用。

④另取一锅，注入热水，再放入干贝、牛蛙、姜、蒜头、酒，以中火炖2小时，起锅前加入盐调味即可。

【功效详解】

● 大蒜性温，味辛辣，归脾、胃、肺经，具有辛散行气、暖脾胃的功效。用大蒜治鼻炎，是取大蒜辛辣之性、发散行气之功，来宣肺祛邪通窍。大蒜有消炎、杀菌、止泻等作用。此汤对病毒或细菌感染导致的鼻炎有一定食疗功效。

慢性咽炎

慢性咽炎是指慢性感染所引起的弥漫性咽部病变，多见于成年人，儿童也可出现。患者全身症状均不明显，以局部症状为主。各型慢性咽炎症状大致相似且多种多样，如咽部不适感、异物感、咽部分泌物不易咳出、咽部痒感、烧灼感、干燥感或刺激感，还可有微痛感。由于咽后壁通常因咽部慢性炎症造成较黏稠分泌物黏附，以及由于鼻、鼻窦、鼻咽部病变造成夜间张口呼吸，常在晨起时出现刺激性咳嗽及恶心。

【 典型症状 】

咽部不适、发干、有异物感或轻度疼痛、干咳、恶心，咽部充血呈暗红色。

【 家庭防治 】

静坐，两手轻放于两大腿，两眼微闭，舌抵上腭，安神入静，自然呼吸，意守咽部，口中蓄津，待津液满口，缓缓下咽，如此15～20分钟，然后慢慢睁开两眼，以一手拇指与其余四指轻轻揉喉部，自然呼吸，意守手下，津液满口后，缓缓下咽，如此按揉5～7分钟。每日练2～3次，每次15～30分钟。可以有效缓解咽喉炎。

民间小偏方 [壹]

【用法用量】取橄榄2枚，绿茶1克。将橄榄连核切成两半，与绿茶同放入杯中，冲入开水，加盖焖5分钟后饮用。

【功效】适用于慢性咽炎患者、咽部异物感者。

民间小偏方 [贰]

【用法用量】取1个罗汉果，洗净切碎，用沸水冲泡10分钟后，不拘时饮服。每日1～2次，每次1个。

【功效】清肺化痰、止渴润喉。主治慢性咽喉炎、喉痛失音或咳嗽口干等。

【 推荐药材食材 】

麦冬

◎治心肺虚热、咽喉肿痛、烦渴，对急、慢性咽喉疾病有一定缓解作用。

胖大海

◎清热润肺、利咽解毒。治干咳无痰、咽喉疼痛、声音嘶哑、慢性咽炎。

白菜

◎清热除烦、利尿通便、养胃生津，主治肺胃有热、心烦口渴、小便不利、咽部不适。

汤膳食疗 莲子百合麦冬汤

◎原材料

莲子200克、百合20克、
麦冬15克。

◎调味料

冰糖80克。

◎做 法

①莲子和麦冬洗净，沥干，盛入锅中，加入适量水以大火煮开，转小火继续煮20分钟。

②百合洗净，用清水泡软，加入汤中，继续煮5分钟左右后熄火。

③加冰糖调味即可。

【功效详解】

● 百合性平，味甘、微苦，能养阴清热、润肺止咳、宁心安神，对阴虚咳嗽、热病后余热未清等症有食疗作用。再加以清心泻火的莲子、滋阴清热的麦冬，极利咽喉。此汤对慢性咽炎引起的咽部疼痛、干燥、心烦口渴、声音沙哑等疗效甚佳。

汤膳食疗 玄参麦冬瘦肉汤

◎原材料

玄参25克、麦冬25克、
猪瘦肉500克、蜜枣5颗。

◎调味料

盐5克。

◎做 法

①玄参、麦冬洗净，浸泡1小时。

②猪瘦肉洗净，切块，汆水；蜜枣洗净。

③将清水1800毫升放入瓦煲内，煮沸后加入以上用料，武火煲滚后改用文火煲3小时，加盐调味即可。

【功效详解】

● 急性咽炎发病时咽部疼痛较重，伴随声音嘶哑、咳嗽等症状；慢性咽炎咽部疼痛症状较轻，但病情时间较长。慢性咽炎患者进行咽部检查时，可发现局部充血水肿，淋巴滤泡增多，用玄参麦冬瘦肉汤进行辅助治疗，常可收到良效。

扁桃体炎

扁桃体炎是扁桃体的炎症。通常所说的扁桃体指腭扁桃体，位于人的口腔深处两侧的咽峡侧壁，在腭舌弓和腭咽弓之间的扁桃体窝内，俗称扁桃腺，此物在童年时发达，成年后逐渐萎缩。

【典型症状】

全身症状：起病急、寒战、高热可达39～40℃，一般持续3～5天，尤其是幼儿可因高热而抽搐、呕吐、昏睡或食欲不振等。

局部症状：咽痛是最明显的症状，吞咽或咳嗽时加重，剧烈者可放射至耳部，此乃神经反射所致，幼儿常因不能吞咽而哭闹不安。儿童扁桃体肿大时会妨碍其睡眠，夜间常惊醒不安。

【家庭防治】

家长可通过按摩手法帮助孩子缓解病症：清肺经300次，清天河水200次；以拇指从腕关节桡侧缘向虎口直推，反复操作100次；患儿仰卧，家长以拇指、食指的指腹分别置于咽喉部两则，由上向下轻轻推擦，反复操作200次。

民间小偏方 [壹]

【用法用量】取橄榄12枚，明矾15克，将橄榄洗净，用小刀将橄榄割数条纵纹，明矾研末揉入割纹内，含口中咀嚼，食果肉，并咽下唾液，每天吃5～6个。
【功效】可治疗扁桃体炎。

民间小偏方 [贰]

【用法用量】新鲜生丝瓜3条。将丝瓜切片，放碗中捣烂，取汁内服，每日1～2剂。
【功效】可有效缓解扁桃体炎。

【推荐药材食材】

金银花
◎其性寒味甘，气味芳香，既可清透疏表，又能解血分热毒。

菊花
◎苦辛宣络，能理血中热毒。可治扁桃体炎证属风热外侵者。

板蓝根

◎清热、解毒、凉血。可防治急慢性肝炎、流行性腮腺炎、扁桃体炎。

汤膳食疗 枸杞菊花煲排骨

◎原材料

排骨500克、枸杞10克、
干菊花5克。

◎调味料

姜1小块、盐适量。

◎做　法

①将洗净的排骨切成约3厘米的块备用。

②将枸杞、菊花用冷水洗净。

③瓦煲内放约2000毫升水烧开，加入排骨、姜及枸杞，大火煮开后改用中火煮约30分钟，菊花在汤快煲好前放入，加适量盐调味即可。

【功效详解】

● 菊花有疏散风热、平肝明目、清热解毒的功效。野菊花味甚苦，清热解毒之力强于普通菊花。现代药理实验表明，菊花提取物能影响毛细血管的通透性，增加毛细血管抵抗力，从而具有抗炎作用。民间常用此汤作为防治扁桃体炎的食疗方。

汤膳食疗 银花水鸭汤

◎原材料

金银花9克，生地、
熟地各6克，水鸭半只（约300克），猪瘦肉250克。

◎调味料

生姜片6克、盐适量、花生油适量。

◎做　法

①所有中药材洗净，稍浸泡；鸭洗净，斩件；猪瘦肉洗净，不用切。

②将以上材料与生姜片一起放入瓦煲内，加清水3000毫升。

③用武火煲沸后改用文火煲2.5小时，调入适量的食盐和花生油即可。

【功效详解】

● 急性扁桃体炎多因气候骤变、寒热失调、肺卫不固，致风热邪毒乘虚从口鼻而入侵喉核，或因外感风热失治，邪毒乘热内传肺胃，上灼喉核，发为本病。金银花清热解毒作用颇强，生地清热凉血之效甚佳。此汤对于热毒引起的扁桃体炎收效甚良。

牙周炎

牙周炎是侵犯牙龈和牙周组织的慢性炎症，是一种破坏性疾病，其主要特征为牙周袋的形成及袋壁的炎症，牙槽骨吸收和牙齿逐渐松动，它是导致成年人牙齿丧失的主要原因。本病多因菌斑、牙石、食物嵌塞、不良修复体、咬创伤等引起，牙龈发炎肿胀，同时使菌斑堆积加重，并由龈上向龈下扩延。由于龈下微生态环境的特点，龈下菌斑中滋生着大量毒力较大的牙周致病菌，如牙龈类杆菌、中间类杆菌、螺旋体等，使牙龈的炎症加重并扩延，导致牙周袋形成和牙槽骨吸收，造成牙周炎。

【典型症状】

牙龈出血、口臭、溢脓，严重者有牙齿松动、咬合无力和持续性钝痛。

【家庭防治】

每天早晨做叩齿锻炼，空口咬合（上、下牙轻轻叩击）数十次至数百次，2~3分钟，可先叩磨牙，下颌前伸叩门牙，两侧向叩尖牙。可使牙龈及周围组织的血循环增强，有利于牙周组织的代谢功能。

民间小偏方 [壹]

【用法用量】米醋30克，加冷开水60克，频频含漱。

【功效】可缓解牙周炎症。

民间小偏方 [贰]

【用法用量】先用热姜水清洗牙石，然后用热姜水代茶饮用，每日1~2次。

【功效】一般6次左右可消除牙周炎症。

【推荐药材食材】

田七

◎止血止痛、消肿。可用于牙周炎引起的牙龈出血、肿胀。

绞股蓝

◎清热解毒、止咳祛痰。主治慢性支气管炎、牙周炎、肾炎、胃肠炎。

豆腐

◎归脾、胃、大肠经。可益气宽中、生津润燥、清热解毒。

汤膳食疗 田七炖鸡

◎原材料

田七12克、香菇30克、
鸡肉500克、红枣5颗。

◎调味料

姜片、大蒜各少许，盐6克。

◎做 法

①将田七打碎，洗净；香菇用温水泡
发，洗净。

②把鸡肉洗净，斩块；红枣洗净，
去核。

③将所有原材料放入瓦煲中，加姜片、
大蒜，注入适量水，慢火炖之，待鸡肉
烂熟，加盐调味即可。

【功效详解】

● 田七始载于《本草纲目》，李时
珍曰："彼人言其叶左三右四，故
名三七……说近之，金不换，贵重
之称也。"其性温，味甘、微苦，
归肝、胃、大肠经。此汤对牙周
炎、牙龈出血、口腔溃疡等均有一
定疗效。

汤膳食疗 田七生地猪肚汤

◎原材料

田七15克、生地50克、
猪肚500克、蜜枣3颗。

◎调味料

盐3克，生粉、花生油各适量。

◎做 法

①田七打碎，洗净，浸泡2小时；生地
洗净，浸泡1小时。

②猪肚反转，用生粉和花生油反复搓
擦，洗净，汆水；蜜枣洗净。

③瓦煲内加水，煮沸后加入以上材料，
武火煲沸后改用文火煲3小时，加盐调
味即可。

【功效详解】

● 《本草纲目》记载，田七能"止
血，散血，定痛"。其可治疗牙周炎
引起的牙龈出血。生地具有清热凉血
的功效，与田七合用，可共奏清火定
痛、止血凉血之功。此汤可用于风火
牙痛、胃热牙龈肿痛等症。

口腔溃疡

口腔溃疡，又称为"口疮"，是发生在口腔黏膜上的浅表性溃疡，大小可从米粒至黄豆大小，成圆形或卵圆形，溃疡面为凹形，周围充血，可因刺激性食物引发疼痛，一般一至两个星期可以自愈。口腔溃疡成周期性反复发生，医学上称"复发性口腔溃疡"。可一年发病数次，也可以一个月发病几次，甚至新旧病变交替出现。口腔溃疡诱因可能是局部创伤、精神紧张、食物、药物、激素水平改变及维生素或微量元素缺乏。

【 典型症状 】

好发于口腔黏膜角化差的部位，溃疡呈圆形或椭圆形，大小、数目不等，边缘整齐，周围有红晕，感觉疼痛。

【 家庭防治 】

口腔溃疡发病时多伴有便秘、口臭等现象，因此应注意排便通畅。要多吃新鲜水果和蔬菜，还要多饮水，至少每天要饮1000毫升水，这样可以清理肠胃，防治便秘，有利于口腔溃疡的恢复。

民间小偏方 [壹]

【用法用量】吴茱萸捣碎，过筛，取细末加适量好醋调成糊状，涂在纱布上，敷于双脚涌泉穴，24小时后取下。
【功效】一般敷药1次即有效，可治愈口腔溃疡。

民间小偏方 [贰]

【用法用量】将少许白糖涂于溃疡面，每天2～3次。
【功效】可缓解口腔溃疡引起的疼痛。

【 推荐药材食材 】

灯芯草

◎其性微寒，味甘、淡，可清心降火，治小儿惊热、口腔溃疡、泌尿系统炎症、疮疡。

鱼腥草

◎清热解毒，主治热毒痈肿、溃疡脓毒等。

板栗

◎养胃健脾、补肾强筋、活血止血。主治反胃、泄泻、腰脚软弱、口疮。

汤膳食疗 灯芯草苦瓜汤

◎原材料

苦瓜300克、灯芯草5克。

◎调味料

盐适量。

◎做 法

①苦瓜去瓤、子，洗净后切成块状。

②灯芯草洗净，备用。

③将苦瓜块与灯芯草一起放进砂锅内，用适量清水煎煮20分钟，加盐调味便可。

【 功效详解 】

● 灯芯草，《本草纲目》说其能"降心火，止血，通气，散肿，止渴"。苦瓜，《滇南本草》说其能"治丹火毒气，疗恶疮结毒"。此汤因有这两种寒凉之物，可奏清火解毒之效，对于口腔溃疡有很好的防治作用。

汤膳食疗 鱼腥草脊骨汤

◎原材料

川贝母15克、鱼腥草30克、猪脊骨750克、蜜枣5颗。

◎调味料

盐5克。

◎做 法

①川贝母洗净，打碎；鱼腥草洗净，浸泡30分钟。

②蜜枣洗净；猪脊骨斩块，洗净氽水。

③将清水2000毫升放入瓦煲内，煮沸后加入以上用料，武火煲滚后改用文火煲3小时，加盐调味即可。

【 功效详解 】

● 中医认为口腔溃疡多是外感燥、火两邪所致，鱼腥草有清热解毒、消肿排脓之效，配以生津润燥之川贝，可愈口疮之疾。此汤适用于口腔溃疡伴有口臭、口唇干裂、烦躁、发热等症者，并且对于肺痈咳嗽也有较好的食疗功效。

口腔异味

　　口腔异味的形成原因主要是由于饮食不节，或过多食用辛辣、油腻食品，以及过度劳倦等不良的生活方式造成的纤体功能衰竭、胃肠功能减弱、厌氧菌群伤害脏腑引发臭气，浊气上升，通过口腔及鼻炎部位形成口腔异味。

【 典型症状 】

烂苹果味：常见于糖尿病患者或过度减肥的人群。

臭鸡蛋味：多见有胃肠病的患者，胃内产生硫化氢而出现臭鸡蛋味。

臭肉味：多见口腔患化脓性疾病患者，如牙龈炎化脓或化脓性扁桃体炎，一般经抗感染治疗即可恢复。

氨味：主要见于肾功能下降或尿毒症患者。

【 家庭防治 】

中老年人为促进唾液分泌，可咀嚼青橄榄、话梅，经常吃水果，还可用甘草泡茶喝。而每天清晨空腹喝一杯温盐开水（血压偏高的人不适宜此法），可调节胃肠功能，也有利于消除口臭。

民间小偏方 [壹]

【用法用量】咀嚼甘草、茶叶或花生米，咀嚼时间越长越好。

【功效】让食物本身特有的香气充分分解出来，有效净化口气。

民间小偏方 [贰]

【用法用量】咀嚼苹果和其他酥脆多汁的水果（例如梨、橘子）。

【功效】具有刷洗口腔的效果。

【 推荐药材食材 】

橘子

◎开胃理气、止渴润肺。主治胸膈结气、呕逆少食、胃阴不足、口中干渴或臭秽。

丹皮

◎善于清热凉血，可治火热之邪犯胃所致的口腔异味。

空心菜

◎清热、凉血、解毒。主治食物中毒、口中出气臭秽、吐血鼻衄、尿血、胎毒等。

汤膳食疗 蜜橘银耳汤

◎原材料

银耳20克、蜜橘200克、生姜10克。

◎调味料

白糖150克、生粉适量。

◎做　法

①银耳水发后放入碗内，上笼蒸1小时取出；生姜去皮，切片。

②蜜橘剥皮去筋，成净蜜橘肉。

③汤锅置旺火上，加适量清水，将蒸好的银耳放入汤锅内，再放蜜橘肉、白糖、姜片煮沸。

④汤沸后用生粉勾芡，待汤开时即成。

【功效详解】

● 对于单纯性的口臭，食用蜜橘就有较好的食疗作用，这是因为蜜橘中含有大量的维生素C和香精油，具有理气化痰、健脾和胃等功能。银耳有开胃生津之效，与蜜橘、生姜合而为汤，能调节胃肠功能，也有利于消除口臭。

汤膳食疗 空心菜茅根瘦肉汤

◎原材料

空心菜400克、

白茅根50克、薏米30克、猪瘦肉500克。

◎调味料

盐5克。

◎做　法

①空心菜去杂质，摘去黄叶，洗净；白茅根洗净。

②薏米洗净，浸泡1小时；猪瘦肉洗净切片。

③将清水2000毫升放入瓦煲内，煮沸后加入以上材料，武火煲开后改用文火煲3小时，加盐调味。

【功效详解】

● 空心菜富含纤维素，有助于促进唾液的分泌，从而达到清除口腔异味的作用。此外，空心菜还含有大量维生素C，能使口腔形成一个不利于细菌生长的环境。此汤有清润生津之效，对消除口腔异味很有好处。

胃炎

胃炎是指由各种因素引起胃黏膜发生炎症性改变，在饮食不规律、作息不规律的人群尤为高发。根据病程分急性和慢性两种，慢性比较常见。胃炎包括急性胃炎（急性化脓性胃炎、急性糜烂性胃炎、急性单纯性胃炎、急性腐蚀性胃炎）、慢性胃炎（慢性浅表性胃炎、萎缩性胃炎、慢性糜烂性胃炎）、手术后反流性胃炎、胆汁反流性胃炎、电冰箱胃炎、巨大肥厚性胃炎等。

【典型症状】

急性胃炎表现为上腹不适、疼痛、厌食、恶心、呕吐和黑便。慢性胃炎病程迁延，大多无明显症状和体征，一般仅见饭后饱胀、泛酸、嗳气、无规律性腹痛等消化不良症状。

【家庭防治】

用手掌或掌根鱼际部在剑突与脐连线之中点（中脘穴）部位做环形按摩，节律中等，轻重适度。每次10～15分钟，每日1～2次。能促进胃肠蠕动和排空，使胃肠分泌腺功能增强，消化能力提高，并有解痉止痛作用。

民间小偏方 [壹]

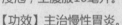

【用法用量】甘蔗汁、葡萄酒各一盅合服，早晚各服用1次。

【功效】治疗慢性胃炎。

民间小偏方 [贰]

【用法用量】生姜200克，醋250毫升，密封浸泡，空腹服10毫升。

【功效】主治慢性胃炎。

【推荐药材食材】

陈皮

◎理气健脾、燥湿化痰。主治胸脘胀满、食少吐泻、咳嗽痰多。

丁香

◎暖胃温肾。治胃寒痛胀、呃逆、吐泻、痹痛、疝痛、口臭、牙痛。

白豆蔻

◎治脾胃气不和、脾虚湿盛，可用于胃炎等肠胃疾病的辅助治疗。

汤膳食疗 无花果陈皮猪肉汤

◎原材料

猪腱肉750克、陈皮5克、无花果20克、杏仁10克。

◎调味料

盐适量、姜适量。

◎做 法

①猪腱肉洗净，切成块。

②姜洗净，切片。

③将陈皮、无花果、杏仁洗净，与猪腱肉一起放入炖盅内，加适量清水，隔水以中火蒸约2小时，调味供用。

【功效详解】

● 无花果提取物具有广谱的抗菌消炎性，能够很好地抑制对人体有害的细菌、病毒及真菌，再加上其中富含的愈疮木酚成分，能够有效治疗急慢性肠炎、胃炎等消化道疾病，并对消化道内壁有很好的修复作用。此汤对于浅表性胃炎有较好的防治作用。

汤膳食疗 陈皮鱼片豆腐汤

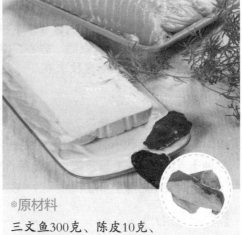

◎原材料

三文鱼300克、陈皮10克、盒装豆腐1块。

◎调味料

盐5克。

◎做 法

①陈皮刮去部分内面白瓤（不全部刮净），洗净，切细丝。

②三文鱼洗净去皮，切片；豆腐切块。

③锅中加1000毫升水煮开，下豆腐、鱼片，转小火煮约2分钟，待鱼肉熟透，加盐调味，撒上陈皮丝即可。

【功效详解】

● 胃炎患者平时需要做好胃部的养护，可在煲汤时放一些陈皮，就可以起到很好的保养效果。中医认为，陈皮性温，味辛、苦，具有温胃散寒、理气健脾、燥湿化痰的功效。此汤适用于胃炎症见胃部胀满、消化不良、食欲不振等症状的人食用。

急性胃肠炎

急性胃肠炎是由细菌及病毒等微生物感染所引起的人体疾病，是常见病、多发病。其表现主要为腹痛、腹泻、恶心、呕吐、发热等，严重者可致脱水、电解质紊乱、休克等。本病多发于夏秋季节。

【 典型症状 】

腹泻多在进食后数小时突然出现，每日数次至十余次。腹痛多位于脐周，呈阵发性钝痛或绞痛。病变累及胃，出现恶心呕吐、上腹不适等。伴发热、头痛、周身不适、四肢无力等全身症状。

【 家庭防治 】

预防夏季急性胃肠炎除了注意饮食卫生、勤洗手外，家庭用品的消毒也很重要。餐具、毛巾、衣物固然要严格消毒，马桶、厕所、水龙头开关也要消毒，不能忽略，因为马桶在患者排便时很容易受到飞溅出带菌分泌物的污染，同时患者在便后洗手时也很容易污染水龙头开关。

民间小偏方 [壹]

【用法用量】 枣树皮20克，红糖15克。枣树皮洗净，水煎去渣，加红糖调服，每日1次。
【功效】 消炎、止泻、固肠。用于治疗肠胃炎、下痢腹痛、胃痛。

民间小偏方 [贰]

【用法用量】 乌梅15克，秦皮30克，黄连、苍术、厚朴、陈皮、炙甘草、生姜各10克，红枣5枚。上述用料洗净，煎2遍和匀，每天1剂，日3次分服。
【功效】 理气健脾、收敛涩肠。

【 推荐药材食材 】

藿香

◎其气芳香，多用于寒湿困脾所致的脘腹痞闷、少食作呕、神疲体倦等症。

大腹皮

◎性微温，味辛。下一切气，止霍乱，通大小肠，健脾开胃，调中。

山药

◎归肺、脾、肾经。能健脾补虚，对胃肠疾病有一定食疗作用。

汤膳食疗 淮山煲猪肉

◎原材料

猪肉500克、山药片50克。

◎调味料

胡椒粉6克，料酒、葱、盐、生姜各适量。

◎做 法

①猪肉切块，放入沸水中汆去血水后捞出洗净。

②猪肉与山药一起放入瓦煲内，加适量水，用武火煮沸后再用文火煲2小时，以猪肉熟烂为度。

③加葱、料酒、生姜、盐、胡椒粉调味即可，吃肉喝汤。

【功效详解】

● 胃肠炎患者常伴有上腹疼痛、不适、食欲下降、恶心呕吐等症状。山药煲猪肉能有效缓解上述症状，这是因为其具有调理肠胃的作用，对由暑湿或寒邪引起的肠胃炎有较好的食疗作用。此汤能健脾胃、止泻痢，对胃肠炎有食疗作用。

汤膳食疗 山药鸡腿汤

◎原材料

山药250克、胡萝卜100克、鸡腿500克。

◎调味料

盐10克。

◎做 法

①胡萝卜削皮，洗净，切块；鸡腿剁块，放入沸水中汆烫，捞起冲净。

②鸡肉、胡萝卜先下锅，加水至盖过材料，以大火煮开后转小火炖15分钟。

③下山药，以大火煮沸后改用小火续煮10分钟，加盐调味即可。

【功效详解】

● 此汤中的山药能抑制血清淀粉酶的分泌，能增强小肠吸收功能，并对肠管节律性活动有明显作用。此汤有很好的养生保健作用，除了辅助治疗胃肠炎之外，还可以滋补身体，增强体质，提高身体的抗寒抗热能力，补血益气等。

消化不良

消化不良是一种临床症候群，是由胃动力障碍所引起的疾病，也包括胃蠕动不好的胃轻瘫和食道反流病。消化不良主要分为功能性消化不良和器质性消化不良。功能性消化不良属中医的"脘痞""胃痛""嘈杂"等范畴，其病在胃，涉及肝脾等脏器，宜辨证施治，予以健脾和胃、疏肝理气、消食导滞等法治疗。

【典型症状】

断断续续地有上腹部不适或疼痛、饱胀、烧心（反酸）、嗳气等。常因胸闷、早饱感、腹胀等不适而不愿进食或尽量少进食，夜里也不易安睡。

【家庭防治】

用左手扶住患者的手，右手用拇指蘸姜水，先推脾土（在拇指根部经大鱼际处到腕部横纹处），然后向上推三关（在前臂桡侧，从腕关节处到曲池穴），每次推的次数以皮肤发红为度，大约需推200次以上。两手交替进行。

民间小偏方 [壹]

【用法用量】取粳米100克，砂仁5克。粳米泡软，砂仁研末，先用粳米煮成粥，放入砂仁，再稍煮即可。

【功效】具有暖脾胃、通滞气、散热止呕之效，适用于胃痛、胀满、呕吐等症。

民间小偏方 [贰]

【用法用量】鸡内金若干，晒干，捣碎，研末过筛。饭前1小时服3克，每日2次。

【功效】可缓解消化不良。

【推荐药材食材】

橘皮

◎能健脾开胃，适用于脾胃虚弱、饮食减少、消化不良、大便泄泻等症。

麦芽

◎归脾、胃经，有宽中下气之效，能止呕吐、消宿食。

莱菔子

◎消食除胀、降气化痰。用于饮食停滞、脘腹胀痛、大便秘结、积滞泻痢等症。

汤膳食疗 山药麦芽牛肚汤

◎原材料

山药30克、麦芽30克、马蹄60克、牛肚600克、蜜枣3颗。

◎调味料

盐5克，花生油、生粉各适量。

◎做 法

①山药、麦芽洗净，浸泡1小时；马蹄去皮洗净；蜜枣洗净。

②牛肚用开水稍烫，撕去胃内薄黏膜，用花生油、生粉反复搓擦，洗净后氽水，备用。

③瓦煲内加水煮沸后加入以上材料，煲沸后再煲3小时，加盐调味即可。

【 功效详解 】

●《医学衷中参西录》说："大麦芽，能入脾胃，消化一切饮食积聚，为补助脾胃之辅佐品。"《药性论》说麦芽能"消化宿食，破冷气，去心腹胀满"。此汤有消食开胃之功，可作为消化不良的常用食疗方。

汤膳食疗 黄芪牛肉汤

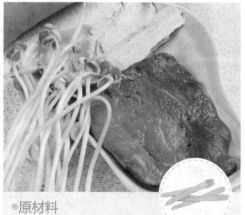

◎原材料

牛肉600克、黄豆芽200克、胡萝卜100克、黄芪15克。

◎调味料

盐5克。

◎做 法

①牛肉洗净，切块，氽烫后捞起；胡萝卜削皮，切块；黄豆芽掐去根须，冲净；黄芪洗净。

②炖锅中加适量水，将所有原材料放入锅中，煮沸后转小火炖50分钟，加盐调味即可。

【 功效详解 】

● 功能性消化不良的根本病机在于脾虚，所以在治疗中要健脾补虚。黄芪能补气健脾，可通过补益脾胃来防治功能性消化不良。牛肉有补中益气、滋养脾胃的功效，与黄芪同用，健脾之功甚佳。此汤有养胃益气之功，为消化不良者的调理佳品。

便秘

便秘，从现代医学角度来看，它不是一种具体的疾病，而是多种疾病的一个症状。便秘在程度上有轻有重，在时间上可以是暂时的，也可以是长久的。中医认为，便秘主要由燥热内结、气机郁滞、津液不足和脾肾虚寒所引起。

便秘主要是指排便次数减少、粪便量减少、粪便干结、排便费力等。

【典型症状】

便秘是指排便不顺利的状态，包括粪便干燥排出不畅和粪便不干亦难排出两种情况。一般每周排便少于2~3次（所进食物的残渣在48小时内未能排出）即可称为便秘。

【家庭防治】

仰卧于床上，用右手或双手叠加按于腹部，按顺时针做环形而有节律的抚摸，力量适度，动作流畅，按3~5分钟，即可有效缓解便秘症状。

民间小偏方 [壹]

【用法用量】大黄6克，麻油20毫升。先将大黄研末，与麻油合匀，以温开水冲服。每日1剂。

【功效】可顺气行滞。

民间小偏方 [贰]

【用法用量】何首乌、核桃仁、黑芝麻各60克，共为细末，每次服10克，每日3次。

【功效】可温通开秘。

【推荐药材食材】

无花果

◎健胃清肠、消肿解毒。适用于肠炎、痢疾、便秘、痔疮等症。

火麻仁

◎润燥、滑肠、通淋、活血。治肠燥便秘、消渴、热淋、风痹、痢疾。

柏子仁

◎含脂肪油、挥发油、皂苷等物质，适用于长期便秘或老年性便秘。

汤膳食疗 火麻仁煲瘦肉汤

◎原材料

火麻仁60克、猪瘦肉400克。

◎调味料

盐适量、生姜片6克。

◎做 法

①火麻仁洗净，稍微浸泡。

②猪瘦肉洗净，整块不用切。

③火麻仁、猪瘦肉与生姜片一起放进砂锅内，加清水2000毫升，武火煲沸后改文火煲约2小时，调入适量食盐便可食用。

【功效详解】

● 火麻仁又称麻仁、麻子，性平，味甘，归脾、胃、大肠经，有润肠通便、润燥杀虫之效。《药品化义》说："麻仁，能润肠，体润能去燥，专利大肠气结便闭。"《本草经疏》说："麻子，性最滑利。"此汤适合肠燥便秘患者食用。

汤膳食疗 柏子猪心汤

◎原材料

柏子仁15克、猪心300克。

◎调味料

盐、面粉各适量。

◎做 法

①柏子仁洗净。

②猪心剖开，放在清水中浸泡10分钟，捞出后取少许面粉撒在上面，用手反复揉搓，边揉边加面粉，最后用清水洗净，切小块，飞水。

③将全部材料放入炖盅内，加清水至淹过材料，隔水炖2小时，加盐调味即可食用。

【功效详解】

● 柏子仁质润多脂，有养血、润肠、通便之功，年老、体弱、久病及产后血少津亏的肠燥便秘多用到此药，常配郁李仁、松子仁、杏仁等润肠通便药以增强作用。对津枯肠燥所致的大便下血，可单用柏子仁润肠止血。此汤适合虚性便秘患者食用。

腹泻

腹泻是一种常见症状，是指排便次数明显超过平时，粪质稀薄，水分增加，或含未消化的食物或脓血、黏液。腹泻常伴有排便急迫感、肛门不适、失禁等症状。腹泻分急性和慢性两类。急性腹泻发病急剧，病程在2～3周内。慢性腹泻指病程在两个月以上或间歇期在2～4周内的复发性腹泻。

【 典型症状 】

大便次数明显增多，便变稀，形态、颜色、气味改变，含有脓血、黏液、不消化的食物、脂肪，或变为黄色稀水、绿色稀糊，气味酸臭。大便时有腹痛、下坠、里急后重、肛门灼痛等症状。

【 家庭防治 】

成人轻度腹泻，可控制饮食，禁食牛奶、肥腻或渣多的食物，给予清淡、易消化的半流质食物。而小儿轻度腹泻，可继续母乳喂养。若非母乳喂养，年龄在6个月以内的，用等量的米汤或水稀释牛奶或其他代乳品喂养2天，以后恢复正常饮食。患儿年龄在6个月以上的，给其已经习惯的平常饮食，选用粥、面条或烂饭，加些蔬菜、鱼或肉末等。

民间小偏方 [壹]

【用法用量】取乌梅20克洗净入锅，加水适量，煎煮至汁浓时，去渣取汁，加入淘净的粳米100克煮粥，至米烂熟时，加入冰糖稍煮，每日2次，趁热服食。

【功效】能泻肝补脾、涩肠止泻。

民间小偏方 [贰]

【用法用量】藿香、马齿苋、苏叶、苍术各12克，洗净，加水1500毫升，煎汁。将煎好的药汁平均分为3碗，早、中、晚各服用1碗。

【功效】健胃、补脾、温肾。

【 推荐药材食材 】

五味子

◎敛气生津、固涩收敛，对于腹泻不止有很好的食疗作用。

五倍子

◎敛肺、止汗、涩肠、固精、止血、解毒。主治肺虚久咳、自汗盗汗、久痢久泻。

糯米

◎补中益气、健脾养胃、止虚汗，对食欲不佳、腹胀腹泻有一定缓解作用。

汤膳食疗 党参五味鸡汤

◎原材料

党参10克、益智仁10克、五味子10克、枸杞15克、鸡翅200克、竹荪5克、鲜香菇20克。

◎调味料

盐5克。

◎做 法

①将党参、益智仁、五味子、枸杞洗净,用棉布袋包起;竹荪、香菇洗净;鸡翅洗净,剁小块,用热水汆烫,捞起后沥干水分。

②竹荪用冷水泡软,挑除杂质,洗净后切小段;鲜香菇洗净备用。

③材料放入瓦煲中,用武火炖煮至鸡肉熟烂,放入竹荪和香菇,煮约3分钟,再挑除药材包即可。

【功效详解】

● 五味子能治泻痢,对于腹痛腹泻有奇效。《世医得效方》有用益智仁治疗腹泻的记载:"治腹胀忽泻……益智子仁二两。浓煎饮之。"而党参有补中益气之效,可治腹泻症属久病脾虚。此汤除了治疗腹泻之外,还有宁神安心的作用。

汤膳食疗 人参糯米鸡腿汤

◎原材料

人参25克、红枣3颗、鸡腿250克、糯米200克。

◎调味料

盐5克。

◎做 法

①鸡腿剁块,人参切片,红枣、糯米洗净。

②鸡块入沸水中汆烫,捞起用清水洗净。

③鸡肉、参片、红枣、糯米一起放入汤锅中,加适量水,用大火煮开后转小火慢炖30分钟,加盐调味即成。

【功效详解】

● 糯米含有蛋白质、脂肪、糖类、钙、磷、铁、维生素等,营养丰富,为温补强壮之食品。《本草纲目》说其能"暖脾胃,止虚寒泄痢,缩小便,收自汗,发痘疮"。此汤对因脾虚、脾寒引起的腹泻等症有良好食疗作用。

皮炎

皮炎是一种常见皮肤病，皮肤出现脱皮、剥落、变厚、变色及碰触时会发痒等现象。包括常见的夏季皮炎、隐翅虫皮炎、脂溢性皮炎、日光性皮炎、药物性皮炎、接触性皮炎、激素依赖性皮炎、神经性皮炎等。不良生活习惯，如常用过热的水洗脸，或过频地使用香皂、洗面奶等皮肤清洁剂，平时不注意对紫外线的防护等，这些理化刺激都会改变或损伤皮肤的保护屏障和血管调节功能。

【典型症状】

有局部瘙痒，经反复搔抓摩擦后，局部出现粟粒状绿豆大小的圆形或多角形扁平丘疹，呈皮色、淡红或淡褐色，稍有光泽，以后皮疹数量增多且融合成片，成为典型的苔藓样皮损，皮损大小形态不一，四周可有少量散布的扁平丘疹。

【家庭防治】

用冷水、温水交替洗脸（也可用两条毛巾分别蘸取冷、温水交替敷面），每日早晚各1次，每次持续10分钟左右，交替10余次为宜。冷水温度一般以15℃左右为宜，温水温度一般以45℃为宜。长期坚持，可以有效增强皮肤免疫力。

民间小偏方 [壹]

【用法用量】把金银花粉末与维生素E油混合，并调入一些蜂蜜，直到混合物呈均匀、松软的糊状，然后敷在患皮炎的部位。
【功效】能够起到去痒以及促进皮肤复原的作用。

民间小偏方 [贰]

【用法用量】土茯苓50克，水煎，当茶饮。
【功效】可有效治疗皮炎。

【推荐药材食材】

莲子心

◎清心火、平肝火、泻脾火、降肺火，消暑除烦、生津止渴。

苍术

◎能彻上彻下，燥湿而宣化痰饮，芳香辟秽，胜四时不正之气。

白鲜皮

◎清热燥湿、祛风解毒。用于湿热疮毒、黄水淋漓、湿疹、风疹、疥癣疮癞等症。

汤膳食疗 苍术冬瓜猪肉汤

◎原材料

苍术10克、冬瓜300克、猪肉200克。

◎调味料

生姜片、盐各适量。

◎做 法

①将冬瓜连皮洗净，切块；苍术洗净；猪肉洗净，切块；生姜片洗净。

②锅中烧开水，放入猪肉飞水，捞出洗净。

③将苍术、冬瓜、猪肉、生姜一起放入煲内，加入适量清水，大火煲滚后改用中火继续煲2小时左右，调味即可饮用。

【功效详解】

● 苍术可清热燥湿，治因内湿或外湿引起的皮肤病，如湿疹、脂溢性皮炎等。《丹溪心法》中的二妙散就有用到苍术。苍术冬瓜猪肉汤对慢性湿疹及一切慢性肥厚性角化性皮肤病如银屑病、神经性皮炎等有食疗作用。

汤膳食疗 莲子心炖乌鸡

◎原材料

肉苁蓉15克、龙骨100克、芡实20克、沉香6克、山萸肉15克、桂皮6克、莲子心10克、乌鸡1只（约250克）。

◎调味料

料酒10毫升、盐5克、味精5克、胡椒粉3克、姜片5克、葱段10克、上汤适量。

◎做 法

①山萸肉洗净，用料酒浸泡2小时；其余中药材洗净，装入纱布袋；乌鸡洗净，剁成小块，氽去血水；姜洗净，拍松。

②将药包、山萸肉、乌鸡、姜片、葱段、料酒同放入炖锅内，加入上汤，武火烧沸后再用文火炖1小时，最后加入盐、味精、胡椒粉调味即成。

【功效详解】

● 莲子心性寒，味苦，有清心火之效，对于脂溢性皮炎有较好的辅助治疗效果，尤其适合夏季食用。夏季因皮脂分泌旺盛，容易导致粉刺、脂溢性皮炎等皮肤问题；人也更易烦躁，容易上火。此汤除了对皮炎有防治作用外，还有安神补血的功效。

痤疮

痤疮，俗称青春痘、粉刺、暗疮，是皮肤科常见病、多发病。痤疮常自青春期开始发生，好发于面、胸、肩胛等皮脂腺发达部位。表现为黑头粉刺、炎性丘疹、继发性脓疱或结节、囊肿等。多为肺气不宣，兼感风寒、风热、风湿，以致毛窍闭塞，郁久化火致经络不通，痰凝血瘀，生成痤疮。

【典型症状】

黑头粉刺，白头粉刺，毛孔粗大，红肿。

【家庭防治】

皮肤油腻的人，晨起和睡前交替使用中性偏碱香皂和仅适合油性皮肤使用的洗面奶洗脸，并用双手指腹顺皮纹方向轻轻按摩3～5分钟，以增强香皂和洗面奶的去污力，然后用温水或温热水洗干净，彻底清除当天皮肤上的灰尘、油垢。若遇面部尘埃、油脂较多，应及时用温水冲洗。一般洗脸次数以每日2～3次为宜。

民间小偏方 [壹]

【用法用量】荠菜20克，洗净，加水煎成浓汤，口服，每日数次。同时，将荠菜叶捣烂，取其汁，涂抹于患处，每日4次。

【功效】活血、通络、治痤疮。

民间小偏方 [贰]

【用法用量】将丹参研成细粉，装瓶。每次3克，每日3次内服。一般服药2周后痤疮开始好转，6～8周痤疮数减少。以后可逐渐减量，巩固疗效后，可停药。

【功效】活血化瘀，治疗痤疮。

【推荐药材食材】

薏米

◎归脾、肺、肾经，有渗湿利水、健脾止泻、舒筋、清热排脓之功效。

枇杷叶

◎归肺、胃经，煎汁洗脓疮、溃疡、痤疮有良效，亦可内服。

苦瓜

◎归心、肺、脾、胃经，有清热解毒、除邪热、润泽肌肤的功效。

汤膳食疗 薏米猪蹄汤

◎原材料

薏米200克、猪蹄500克、红枣5颗。

◎调味料

盐5克，料酒、胡椒粉、葱段、生姜片各适量。

◎做　法

①薏米去杂质，洗净；红枣去核后泡发。

②猪蹄去净毛，洗净，斩块，下沸水锅中汆水，捞出用清水洗净。

③将以上材料和葱段、姜片放入煲中，加适量清水，烧沸后改用小火炖至猪蹄熟烂，拣出葱、生姜，加入盐、料酒、胡椒粉调味即可。

【 功效详解 】

● 薏米含有一定的维生素E，常食可以保持人体皮肤光泽细腻，消除粉刺、色斑，改善肤色。中医认为薏米有健脾利湿、清热排脓的功效，而猪蹄含有丰富的胶原蛋白质，可防治皮肤干瘪起皱、增强皮肤弹性。两者合而为汤，可有效改善青春痘肌肤。

汤膳食疗 薏米甜汤

◎原材料

薏米200克。

◎调味料

冰糖适量。

◎做　法

①薏米泡发后择去杂质洗净。

②薏米放锅中加水，大火烧开后，改用慢火煮至薏米透心，捞起放小碗中，另用锅煮沸冰糖水，冲入碗中即成。

【 功效详解 】

● 薏米为禾本科植物薏苡的干燥成熟种仁。其主要成分为蛋白质、维生素B_1、维生素B_2，有使皮肤光滑、减少皱纹、消除色素斑点的功效。此外，薏米还能促进体内血液和水分的新陈代谢。此汤长期食用，能防治褐斑、雀斑、痤疮等，并能滋润肌肤。

中暑

中暑是指在高温和热辐射的长时间作用下，机体体温调节障碍，水、电解质代谢紊乱及神经系统功能损害的症状的总称。颅脑疾患的病人，老弱及产妇耐热能力差者，尤易发生中暑。中暑是一种威胁生命的急诊病，若不给予迅速有力的治疗，可导致永久性脑损害或肾脏衰竭，引起抽搐和死亡。

【 典型症状 】

在高温环境中生活和劳动时出现体温升高、肌肉痉挛和晕厥。

【 家庭防治 】

中医认为五脏之系皆附于背（即后背正中线及中线两侧），凡邪气上行则逆，下则顺。通过向下刮痧，使邪气下降，经络中的气机得到通畅而正常运行，所以刮痧能让中暑得以痊愈。

民间小偏方 [壹]

【用法用量】绿豆60克，鲜丝瓜花8朵，洗净，用清水1碗，先煮绿豆至熟，捞出豆，再加入丝瓜花煮沸，温服汤汁。
【功效】清热、解暑，治因夏季酷热引起的中暑。

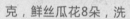

民间小偏方 [贰]

【用法用量】锅内加水三碗煮白扁豆50克，水沸后下白米50克小火煎煮，待扁豆已黏软，放入30克冰糖及洗净的鲜荷叶1张，再煮20分钟。
【功效】消暑解热、和胃厚肠。

【 推荐药材食材 】

冬瓜

◎有利水、降火、消痰、清热、解毒之功效，可治暑热烦闷。

西瓜

◎味道甘甜多汁，清爽解渴，是盛夏的佳果，既能祛暑热烦渴，又能利尿。

绿豆

◎甘凉可口，能防暑消热、消肿明目，是夏令饮食中的上品。

汤膳食疗 西瓜皮丝瓜海蜇汤

◎原材料

浸发海蜇头250克、西瓜皮250克、鲜丝瓜500克、鲜扁豆100克。

◎调味料

盐适量。

◎做 法

①海蜇头、西瓜皮、扁豆、丝瓜均切块。

②锅中放适量清水，放入海蜇头、西瓜皮、扁豆武火煮沸，改文火炖1小时，然后放入丝瓜，煮沸片刻，调味即可。

【 功效详解 】

● 西瓜皮是清热解暑、生津止渴的良药。丝瓜所含的皂苷类物质、丝瓜苦味质、黏液质、木聚糖和干扰素等物质具有一定的特殊作用。丝瓜可供药用，有清凉、利尿、活血、通经、解毒之效。此汤适用于暑热伤肺，症见身热口渴、干咳无痰或便秘者。

汤膳食疗 双瓜脊骨汤

◎原材料

西瓜500克、冬瓜500克、猪脊骨600克。

◎调味料

盐5克。

◎做 法

①将冬瓜、西瓜洗净，切成大块状。

②猪脊骨斩件，洗净，氽水。

③将清水2000毫升放入瓦煲内，煮沸后加入以上材料，武火煲沸后改用文火煲3小时，加盐调味即可。

【 功效详解 】

● 西瓜果肉有清热解暑、解烦渴、利小便、解酒毒等功效，用来防治一切热症、暑热烦渴。《本经逢原》记载："西瓜，能引心包之热，从小肠、膀胱下泻。能解太阳、阳明中暍及热病大渴，故有天生'白虎汤'之称。"此汤有较好的消暑清热作用。

痔疮

　　医学所指痔疮包括内痔、外痔、混合痔三类，是肛门直肠底部及肛门黏膜的静脉丛发生曲张而形成的一个或多个柔软静脉团的一种慢性疾病。治疗痔疮的中药大都具清热解毒、凉血止痛、疏风润燥的功效，但须根据症状选择。大便干燥、出血者需润肠通便、活血止血；出血较多者可配合止血药物，如三七粉、云南白药等。口苦、大便秘结者可适当地清热泻火。

【典型症状】

便时出血，血色鲜红，便时出现。出血量一般不大，但有时也可较大量出血。便后出血自行停止。便秘粪便干硬、饮酒及进食刺激性食物等是出血的诱因。痔疮发展到一定程度即能脱出肛门外，痔块由小变大，由可以自行恢复变为须用手推回肛门内。

【家庭防治】

司机、孕妇和坐班人员在每天上午和下午各做10次提肛动作，可以有效预防痔疮。

民间小偏方 [壹]

【用法用量】木耳10克，贝母15克，苦参15克，洗净，水煎，每日2次分服。

【功效】治内痔，便时无痛性出血。

民间小偏方 [贰]

【用法用量】槐花15克，地榆15克，苦参15克，赤芍10克，洗净，水煎，每日2次分服。

【功效】治内痔引起的便时无痛性出血，肛门灼热。

【推荐药材食材】

槐花

◎凉血止血、清肝泻火。主治便血、痔血、血痢、崩漏、吐血、衄血、肝热目赤。

猪肠

◎清热、祛风、止血。主治肠风便血、血痢、痔漏、脱肛等。

蛤蜊

◎滋阴、利水、化痰软坚。主治消渴、水肿、痰积、瘿瘤、崩漏、痔疮等。

木耳猪肠汤

◎原材料

无花果50克、黑木耳20克、马蹄100克、猪肠400克、猪瘦肉150克、蜜枣3颗。

◎调味料

盐5克、花生油适量、生粉5克。

◎做 法

①无花果、黑木耳洗净，浸泡1小时；马蹄去皮洗净；猪肠翻转，用花生油、生粉反复搓擦，以去除秽味及黏液，冲洗干净，切段汆水。

②猪瘦肉洗净，切块，入沸水中汆烫。

③瓦煲放水煮沸，加入以上用料，武火煲沸后改用文火煲3小时，加盐调味即可。

【功效详解】

● 木耳除了众所周知的养血驻颜功效之外，它还能防治因气虚或血热所致腹泻、崩漏、尿血、痔疮、脱肛、便血等病症。猪肠性平，味甘，常用来"固大肠"，作为治疗久泻脱肛、便血、痔疮的辅助品。此汤可用以辅助治疗内痔。

薏米猪肠汤

◎原材料

薏米20克、猪小肠120克。

◎调味料

米酒5毫升、姜粉适量、盐适量。

◎做 法

①薏米洗净，用热水泡1小时；猪小肠洗净，放入开水中汆烫至熟，切小段。

②将猪小肠、薏米放入锅中，加适量水煮沸，放入米酒，转中火续煮30分钟。

③加盐、姜粉调味即可。

【功效详解】

● 中医认为，久病会耗伤脾气，而脾为气血升华之源，是人体气血的统领。脾气受伤，则会使气血亏损。气虚不能摄血，导致痔疮脱垂，出血加剧。而猪肠除了有"固肠"之用，也有健脾之功。此汤可通过健益脾胃、统摄气血来治疗痔疮脱垂下血。

汤膳食疗 酸菜粉丝猪肠汤

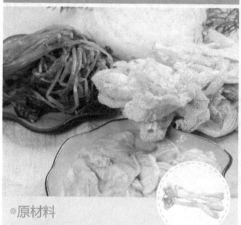

◎原材料

酸菜60克、竹荪50克、粉丝30克、猪肠400克。

◎调味料

姜丝5克、糖3克、盐5克。

◎做 法

①酸菜浸泡1小时，洗净，切成条状；竹荪折成约两个指节长短的条状，泡发洗净。

②粉丝泡发洗净；猪肠洗净，切段。

③瓦煲内清水煮沸后放入酸菜、竹荪、姜丝，武火煲滚后改用文火煲30分钟，加入粉丝和猪肠，煲熟后加盐、糖调味即可。

【功效详解】

● 酸菜最大限度地保留了原有蔬菜的营养成分，富含维生素C、氨基酸、膳食纤维等营养物质，由于酸菜采用的是乳酸菌优势菌群的储存方法，所以含有大量的乳酸菌，有保持胃肠道正常生理功能之功效。此汤既可防治痔疮之疾，又能补益脾胃。

汤膳食疗 海带蛤蜊排骨汤

◎原材料

泡发海带结200克、蛤蜊300克、排骨250克、胡萝卜半根。

◎调味料

姜1块、盐5克。

◎做 法

①蛤蜊泡在淡盐水中，待其吐沙后，洗净，沥干；胡萝卜削皮，洗净，切块；姜洗净，切片。

②排骨去血水，捞出冲净；海带结洗净。

③将排骨、姜、胡萝卜、蛤蜊、海带结一起放入炖盅内，加适量清水，上笼蒸2小时，加盐调味即可。

【功效详解】

● 海带中褐藻酸钠盐对出血症有止血作用，蛤蜊具有滋阴润燥、利尿消肿、软坚散结作用，《本草经疏》中记载"蛤蜊其性滋润而助津液，故能润五脏、止消渴……"，因而有润肠通便的功效，二者合用，对缓解痔疮有一定疗效。

第二章

现代病
食疗好汤膳

抑郁症

抑郁症是一种心境障碍，其病因多种多样，是遗传、生物、心理和社会等因素相互作用共同造成的结果。

抑郁症患者常常情绪低落、悲观，缺乏自信，缺乏主动性，承受着极大的精神和躯体痛苦。抑郁症属中医"郁证"范畴，主要是由情志所伤、肝气郁结，引起五脏气机不和，肝、脾、心三脏受累以及阴阳气血失调所致。

【 典型症状 】

思维迟缓、寡言少语、睡眠障碍，常个人独处，运动受抑制，不爱活动，长期悲观厌世，重症患者容易产生自杀念头和行为。

【 家庭防治 】

早晚练习观息法，平躺在床上或盘腿而坐，轻轻闭上双眼，利用腹部的扩张和收缩带动隔膜的上升和下降，带动肺泡呼吸空气。起初每次持续20分钟，之后可延长到40分钟至1个小时。

民间小偏方 [壹]

【用法用量】取绿萼梅3克，粳米30~60克。将粳米淘净，加水煮成稀粥，加入洗净的绿萼梅，稍煮片刻，盛出食用。

【功效】疏肝解郁、理气和中，主治精神抑郁、头昏脑涨、疲倦乏力等。

民间小偏方 [贰]

【用法用量】取当归、白术、茯苓、甘草、白芍、柴胡各6克，栀子、牡丹皮各3克，洗净以水煎服，每天1剂。

【功效】补血养血、健脾燥湿、宁心安神，有清肝泻火、顺气解郁的作用。

【 推荐药材食材 】

百合

◎宁心安神、清火润肺，用于阴虚久咳、虚烦惊悸、失眠多梦、精神恍惚。

柏子仁

◎滋养心肝、益胆气，治烦热、长期失眠、心慌心悸。

麦冬

◎清心润肺、益胃生津、清心除烦，主治肺燥干咳、肠燥便秘、心烦失眠。

汤膳食疗 茯苓鸡腿汤

◎原材料

鸡腿300克，猪瘦肉100
克，党参、茯苓、麦冬各10克，当归、
柏子仁各5克。

◎调味料

生姜片、盐各适量。

◎做 法

①将鸡腿、猪瘦肉洗净，斩块；各类药
材洗净。

②将鸡腿、猪瘦肉氽水，捞出洗净。

③将所有原材料放入炖盅内，加适量清
水，大火煲滚后用文火炖2小时，调味
即可。

【功效详解】

● 柏子仁性平，味甘，归心、
肾、大肠经。《本草纲目》记载：
"（柏子仁）安魂定魄，益智宁
神……柏子仁性平而不寒不燥，味
甘而补，辛而能润，其气清香，能
透心肾，益脾胃。"此汤特别适合
虚烦不眠、抑郁心烦者食用。

汤膳食疗 扁豆排骨汤

◎原材料

扁豆30克、麦冬20克、排
骨600克、蜜枣3颗。

◎调味料

盐5克。

◎做 法

①扁豆、麦冬洗净；蜜枣洗净。

②排骨洗净，斩件，氽水。

③将清水2000毫升放入瓦煲内，煮沸
后加入以上材料，武火煲沸后改用文火
煲3小时，加盐调味即可。

【功效详解】

● 麦冬性微寒，味甘、微苦，归
心、肺、胃经，滋阴润燥作用较
好，适用于有阴虚内热、干咳津亏
之象的病症。麦冬用于清养肺、滋
阴清心。此汤因添加了麦冬，清心
除烦功效较好，对抑郁症有缓解
作用。

慢性疲劳综合征

慢性疲劳综合征是一种应激性疾病，是典型的亚健康病症之一。脑力劳动者是慢性疲劳的易发人群。

脑力劳动者用脑强度过大，还承受巨大的工作和生活压力，如果这些压力得不到及时的发泄、缓解，精神上长时间处于紧绷状态，很容易患上慢性疲劳综合征。中医认为慢性疲劳综合征多因元气耗伤之虚证与心理不畅所致，涉及五脏六腑，尤其与脾、肝、肾有密切关系。

【 典型症状 】

四肢无力、关节酸痛、食欲减退、消化不良、失眠、注意力不集中、心律失常、思维能力下降和性欲减退等，严重时会导致长期精神抑郁，身体极度虚弱。

【 家庭防治 】

适量进行一些简单的运动，或者到户外呼吸新鲜空气，放松自己。办公休息间隙要多走动，按摩眼部、颈部和腰部等易疲劳部位，这些对减轻或消除身心疲惫大有裨益。

民间小偏方 [壹]

【用法用量】取银杏叶5克，洗净放入杯中加开水冲泡，待银杏叶泡开后饮用，新鲜银杏叶更佳。

【功效】扩张心脑血管，改善心脑血管供氧量，消除疲劳，抗衰老。

民间小偏方 [贰]

【用法用量】取生山楂10克，生薏米100克，洗净放入锅中，加水适量，煮成粥食用。

【功效】健脾消食，促进新陈代谢，有效缓解疲劳。

【 推荐药材食材 】

西洋参

◎补气养阴、清热生津、泻火除烦，有对抗疲劳、增强机体免疫功能。

党参

◎补中益气、健脾益肺，对神经系统有兴奋作用，能增强机体抵抗力。

冬虫夏草

◎阴阳双补、起蒌固精、益阴补肺，具有滋补、免疫调节等功效。

汤膳食疗 参须蜜梨乌鸡汤

◎原材料

西洋参须10克、蜜梨300克、乌鸡400克、蜜枣2颗。

◎调味料

盐3克。

◎做　法

①西洋参须洗净；蜜梨洗净，去心，切成4块。

②乌鸡斩件，洗净；蜜枣洗净。

③将1600毫升清水放入瓦煲内，煮沸后加入以上材料。

④武火煲开后，改用文火煲2小时，加盐调味即可。

【功效详解】

● 西洋参性凉，味甘、微苦，归心、肺、肾经。西洋参中的皂苷可以有效增强中枢神经，达到静心凝神、消除疲劳等作用，可适用于失眠、烦躁、记忆力衰退及阿尔茨海默病等。加乌鸡能增强功效，让此汤对慢性疲劳的治疗效果更好。

汤膳食疗 党参牛蛙汤

◎原材料

牛蛙600克、猪瘦肉160克、党参40克。

◎调味料

盐适量。

◎做　法

①牛蛙切块，洗净；党参、猪瘦肉洗净。

②瓦煲置火上，加清水烧沸，下牛蛙、猪瘦肉和党参，旺火烧沸后改中火煲约2小时，用盐调味即可。

【功效详解】

● 党参性平，味甘、微酸，归脾、肺经，有减缓疲劳的作用，其所含的营养素可提高中枢神经系统的兴奋性，提高机体活动能力，故而能减轻其疲乏感。党参对中气不足的体虚倦怠有很好的疗效，因此此汤能缓解慢性疲劳综合征。

失眠多梦

失眠多梦是指睡眠质量差，从睡眠中醒来后自觉乱梦纷纭，并常伴有头昏神疲的一种脑科常见病症。

失眠多梦的病因主要包括环境的改变、身体疾病、情绪变化、不良习惯以及药物作用等。中医认为，失眠多梦的根源是机体内在变化，常见的如气血不足、情志损伤、阴血亏虚、劳欲过度等。长期失眠多梦会引起免疫力下降，导致肥胖症、神经衰弱和抑郁症，严重的则会出现精神分裂。

【 典型症状 】

无法入睡，无法保持睡眠状态，早醒、醒后很难再入睡，频频从噩梦中惊醒，常伴有焦虑不安、全身不适、无精打采、反应迟缓、头痛、记忆力不集中等症状。

【 家庭防治 】

睡眠不好的人应选择软硬、高度适中，回弹性好，且外形符合人体整体正常曲线的枕头，这样的枕头有助于改善睡眠质量，防止失眠多梦的产生。

民间小偏方 [壹]

【用法用量】将芦荟叶洗净去刺后捣烂取汁，睡前用开水服两小匙芦荟汁，每天坚持服用。

【功效】芦荟镇肝风、清心热、解心烦，此法适用于头痛和失眠症。

民间小偏方 [贰]

【用法用量】取桂圆肉、酸枣仁各10克，芡实15克，洗净煮汤，睡前饮用。

【功效】补益心脾、养血安神、宁心养肝，适用于失眠健忘、惊悸不安。

【 推荐药材食材 】

五味子

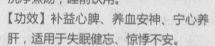

◎益气生津、补肾养心、收敛固涩，适宜盗汗、心悸、多梦、失眠者服用。

远志

◎安神益智、祛痰开窍，主治失眠多梦、健忘惊悸、神志恍惚、咳痰不爽。

龙骨

◎重镇安神、平肝潜阳、敛汗固精，主治心悸怔忡、失眠健忘、头晕目眩。

汤膳食疗 远志茯神炖猪心

◎原材料

远志8克、茯神20克、猪心200克、猪瘦肉100克。

◎调味料

生姜片、盐各适量。

◎做 法

①中药材洗净；猪瘦肉、猪心分别洗净，切块。

②锅内烧水，水开后放入猪心、瘦肉滚去血污，捞出洗净。

③将远志、茯神、猪心、瘦肉片、生姜片放入炖盅内，加适量开水，大火烧沸后改小火慢炖1小时，加盐调味即可。

【功效详解】

● 远志性微温，味苦、辛，归心、肾、肺经，善宣泄通达，既能开心气而宁心安神，又能通肾气而强志不忘，为交通心肾、安定神志之佳品。主治心肾不交之心神不宁、失眠等症，常与茯神、龙齿、朱砂等同用。本汤中远志茯神同煮，效果更好。

汤膳食疗 山药乌鸡汤

◎原材料

五味子8克、山药30克、乌鸡500克。

◎调味料

生姜片、盐各适量。

◎做 法

①五味子、山药洗净。

②乌鸡洗净，切块，入沸水中汆去血水，捞出洗净。

③将乌鸡、五味子、山药、生姜片一起放入瓦煲内，加适量清水，大火烧沸后改用小火慢煲1小时，加盐调味即可。

【功效详解】

● 五味子性温，味酸、甘，归肺、心、肾经。五味子具有很好的安神作用，常用五味子煲汤饮用，可治疗失眠，本汤加乌鸡同煮，效果更显著。坚持饮用泡开的五味子水，也能很好地缓解失眠症状。

健忘症

健忘症，是大脑在短时间内丧失记忆的一种状态，它属于短暂记忆障碍。健忘症可分为器质性健忘和功能性健忘两类。

器质性健忘是由脑肿瘤、脑外伤等脑部疾患，或者全身性疾病导致大脑皮层记忆神经受损，由此造成记忆力减退甚至丧失的健忘症。持续的压力和紧张使大脑疲劳过度，导致记忆在大脑皮层印刻不深，出现遇事善忘现象；随着年龄的增长，大脑机能逐渐退化，记忆力逐渐下降，这两类健忘都属于功能性健忘症。

【典型症状】

善忘失眠，多梦易醒，常伴有心悸心慌、精神萎靡、头晕眼花、腰膝酸软、四肢无力等症状。

【家庭防治】

双手搓热后交叉揉搓脚心，使脚心发热，或者用手指指腹按脚心向脚趾的方向，按摩脚掌100～200次。这样能补脑益肾、益智安神、活血通络，可以防治健忘、失眠等病症。

民间小偏方 [壹]

【用法用量】取芝麻适量，洗净将其捣烂，加入少量白糖冲开水服用，早晚各一次，7天为1个疗程，坚持5～6个疗程。

【功效】补肝肾、益精血，用于肝肾虚损、精血不足，可强健身体、抵抗衰老。

民间小偏方 [贰]

【用法用量】用南瓜做菜食，每天一次，疗程不限。

【功效】补中益气，强肾健脾，清心醒脑。

【推荐药材食材】

山药

◎脾养胃、益心安神，适用于脾胃虚弱、食欲不振、失眠健忘者。

核桃仁

◎补肾温肺、健脑防老，有补虚强体、增强脑功能的作用。

桂圆

◎养血安神、补心长智，主治贫血、心悸、失眠、健忘、神经衰弱。

汤膳食疗 党参山药猪肉汤

◎原材料

猪腱肉500克、党参30克、山药30克、莲子60克、红枣8克。

◎调味料

盐适量。

◎做　法

①将山药、莲子（去心）洗净后，用清水浸泡30分钟。

②党参、红枣（去核）洗净；猪腱肉洗净，切块。

③全部材料放入锅内，加适量水武火煮沸后转文火煲2~3小时，加盐调味即可。

【功效详解】

● 山药富含18种氨基酸和10余种微量元素及其他矿物质，有健脾胃、补肺肾、固肾益精等作用，可适用于脾胃虚弱、食欲不振、失眠健忘等症。山药煮汤食用，加党参同煮，既可宁心安神，还能缓解失眠健忘。

汤膳食疗 核桃熟地猪肠汤

◎原材料

猪肠500克、核桃仁120克、熟地60克、红枣4颗。

◎调味料

盐适量。

◎做　法

①核桃仁用开水烫，去衣；熟地洗净；红枣（去核）洗净。

②猪肠洗净，氽烫，切小段。

③把全部材料放入蒸锅内，加适量清水，文火隔水蒸3小时，调味即可。

【功效详解】

● 中国医学认为核桃性温，味甘，无毒，有健胃、补血、润肺、养神等功效。《神农本草经》将核桃列为久服轻身益气、延年益寿的上品。现代研究也表明，核桃中的磷脂，对脑神经有良好保健作用。核桃煮汤常食，更可有效地缓解健忘症。

食欲不振

　　食欲不振是指由于过度疲劳、情绪紧张、不良习惯和药物刺激等因素引起的一种对食物缺乏需求的状态。除上述原因之外，各种身体疾病也会引起食欲不振。

　　在下丘脑，有两个调节摄食的中枢，一个是饱足中枢，另一个是嗜食中枢，这两个中枢功能发挥正常就能调节、控制摄食。中医认为身体虚弱是产生食欲不振的根本原因，如胃阴不足、脾阳不振，或中气下陷、肾亏火衰、气滞血瘀等。

【典型症状】

除食欲减退之外，常伴有头晕眼花、疲倦乏力、腹痛腹泻和营养不良等症状，严重者可能会出现厌食症。

【家庭防治】

用拇指指腹掐揉合谷穴，力量由轻渐重，每次掐揉30秒至1分钟，重复操作30～50次。此法适用于各种人群，合谷穴位于手虎口间，略偏食指的凹陷处。

民间小偏方［壹］

【用法用量】将30克青梅洗净，和100克黄酒放入瓷碗中，置蒸锅中蒸炖2分钟，去渣后饮用。

【功效】醒胃、杀虫、止痛，用于食欲不振、蛔虫性腹痛以及慢性消化不良性泄泻。

民间小偏方［贰］

【用法用量】取绿豆、粳米洗净放入锅中，加适量水，小火慢慢熬煮成粥，每天早晚做正餐食用。

【功效】和脾胃、祛内热，适合脾胃不和、食欲不振、消化力弱者。

【推荐药材食材】

山楂

◎和胃消食、行气散瘀、活血化瘀，能开胃消食，促进食欲。

白术

◎健脾益气、燥湿利水，对脾虚少食、腹胀泄泻有良好的治疗效果。

蘑菇

◎益气开胃、润燥化痰，能提高机体免疫力。

汤膳食疗 党参白术山药鲫鱼汤

◎原材料

鲫鱼1条，党参15克，白术15克，山药30克。

◎调味料

盐适量。

◎做 法

①鲫鱼剖净，去内脏，洗净；党参、白术、山药分别洗净，放入锅内，加水煎取药汤，去渣，煎两次，两汤合并。

②把鲫鱼放入砂锅内，再放入药汤，武火煮沸后，改用文火煲至鱼肉熟，加盐调味即可。

【功效详解】

● 白术性温，味苦、甘，归脾、胃经，可用于脾胃气虚、运化无力、食少便溏等症。白术有补气健脾之效，治疗脾气虚弱、食少神疲，常配伍人参或者党参同用，以益气健脾。本汤中，多味药材同煮，对治疗食欲不振效果更明显。

汤膳食疗 鸡肉蘑菇汤

◎原材料

鸡肉200克、蘑菇100克。

◎调味料

葱、生姜、盐各适量。

◎做 法

①蘑菇洗净，切片，焯水后捞出待用；鸡肉洗净，切丁；生姜洗净，切片；葱切花。

②将鸡肉丁、生姜片入锅中煮开后，倒入蘑菇同煮，煮开后加盐、葱花调味。

【功效详解】

● 蘑菇性微寒，味甘，入肝、胃经，有益气开胃的作用，特别适合久病虚羸及老人、小儿体弱者食用。本汤中，取蘑菇补脾益气，加鸡肉以增强补益之力，对于脾虚气弱、食欲不振、身体倦怠者有特别疗效。

视力减退

　　视力减退是一种常见的眼部疾患，生活、工作中如果用眼不当、用眼过度，就很容易导致视力减退。

　　随着年龄的增长，人体各器官会出现退行性变，即所谓的"老化"，这其中就包括眼睛老化，表现为近视、远视、散光、视物模糊等。中医认为，视力减退多是禀赋不足、肝肾不足、气血虚弱致使目失所养而引起。药膳汤治疗视力减退关键在于滋补肝肾、益气养血。

【典型症状】

看书、看报时感觉字迹重影、浮动不稳，视物短暂模糊不清，常伴有眼睛干涩、发痒、胀痛以及身体容易疲倦，且头痛眩晕、食欲不振等症状。

【家庭防治】

洗净双手，眼睛微微闭上，眼球呈下视状态。以上眶缘为支撑，用手掌的下端，轻轻地按压眼球角膜上缘上端，由外向内侧按揉眼球。此法可缓解视疲劳，预防近视，延缓眼部衰老。

民间小偏方 [壹]

【用法用量】鲜枸杞叶50克，猪心一具，花生油适量。将花生油烧热后，加入洗净切片的猪心与枸杞叶，炒熟，再加入食盐调味即可食用。

【功效】补肝益精，养心安神，清热明目。

民间小偏方 [贰]

【用法用量】取黄秋葵（羊角豆）15～30克，冰糖30克，开水炖服。

【功效】补肾，保护视网膜，预防白内障，用于肝火旺引起的视物不清。

【推荐药材食材】

枸杞

◎养肝滋肾、滋阴壮阳，治疗肾虚精亏、头晕目眩、视物模糊。

决明子

◎清热平肝、降脂降压、明目益睛，适于眼睛疲劳人群。

猪肝

◎补肝、明目、养血，适宜肝血不足所致的视物模糊、眼干燥症。

汤膳食疗 熟地枸杞炖甲鱼

◎原材料

甲鱼1只（约250克）、熟地15克、枸杞30克。

◎调味料

盐适量。

◎做 法

①熟地洗净，切小片；枸杞洗净；甲鱼用沸水烫，让其排尽尿，去肠脏、头、爪，洗净，斩件。

②把全部材料放入炖盅内，加开水适量，炖盅加盖，用文火隔开水炖2小时，调味即可。

【功效详解】

● 枸杞是一味良药，中医很早就有"枸杞养生"的说法。《本草纲目》记载："枸杞，补肾生精，养肝……明目安神，令人长寿。"熟地性温，可以补虚，能增加枸杞药性，与甲鱼同煮汤，明目养血效果更好。

汤膳食疗 决明五味炖乌鸡

◎原材料

决明子12克、五味子10克、乌鸡1只。

◎调味料

姜5克、葱10克、盐5克。

◎做 法

①决明子、五味子洗净；乌鸡宰杀后去毛、内脏及爪；姜拍松；葱捆成把。

②把盐抹在鸡身上，将姜、葱、决明子、五味子放入鸡腹内，再将鸡入炖锅内，加清水1500毫升。

③把炖锅置武火上烧沸，再用文火蒸煮1小时即成。

【功效详解】

● 决明子以其有明目之功而名之，性微寒，味苦、甘、咸，入肝、肾、大肠经，不但可润肠通便、降脂明目，还可治疗便秘及高血脂、高血压。现代"电视族""电脑族"等易引起眼睛疲劳的人群不妨常喝本汤。

用脑过度

　　用脑过度，是指由于长时间、高强度用脑引起的头昏眼花、听力下降、四肢乏力、记忆力下降和思维迟钝等一系列症候群，也称为过度用脑综合征。

　　大脑是人体的司令部，调节全身的生理活动，可谓功能强大。但大脑也非常脆弱，用脑过度会造成生理机能失衡和心理机能失衡，如损害思维能力，诱发神经衰弱、失眠等病症。如果长期用脑过度，容易导致肾虚，甚至脑死亡。

　　用脑过度后果严重，为此必须合理、科学用脑，不要长时间工作，避免经常加班熬夜，保持正常睡眠。

【 典型症状 】

头昏脑涨、精神萎靡、耳鸣目眩、思维迟钝、腰膝酸软，常伴有头痛、恶心、呕吐、失眠等症状。

【 家庭防治 】

用手指按揉背部肾腧穴，至按揉部位出现酸胀感，且腰部微微发热即可，能解除乏力、疲劳等不适。肾腧穴位于腰部第二腰椎棘突下，左右二指宽处。

民间小偏方 [壹]

【用法用量】淡水鱼头250克，洗净劈开，核桃肉25克及黄豆50克洗净，加调料炖汤一次吃完，一日一次。

【功效】补精添髓，健脑养脑，通神益智。

民间小偏方 [贰]

【用法用量】取干荔枝5枚，粳米50克洗净，煮成粥食用，每日2次。

【功效】通神、益智、健气，能有效恢复脑力。

【 推荐药材食材 】

人参

◎大补元气、安神益智，适用于劳伤虚损、气短神疲等症。

益智仁

◎补肾壮阳、温脾止泄，适合长期从事脑力劳动者和体质虚弱者。

何首乌

◎补肝肾、益精血，有增强免疫力、延缓衰老的作用。

汤膳食疗 人参莲子汤

◎原材料

人参10克、莲子100克。

◎调味料

冰糖30克。

◎做 法

①将人参洗净；莲子去心洗净。

②将人参、莲子一起放在碗内，加清水适量泡发。

③再加入冰糖，将碗置蒸锅内，隔水蒸炖1小时。

【功效详解】

● 医书《神农本草经》认为，人参有"补五脏、安精神、定魂魄、止惊悸、除邪气、明目、开心、益智"的功效，"久服轻身延年"。现代医学研究表明，人参内含有一种叫人参皂苷的化学物质，它对调节人的中枢神经系统、抗疲劳等有明显功效，也可舒缓脑部神经。用脑过度人群可常喝此汤。

汤膳食疗 益智仁炖牛肉汤

◎原材料

益智仁30克、肉苁蓉20克、枸杞30克、牛肉500克。

◎调味料

姜片5克、大蒜30克、鱼露5克、味精3克、胡椒粉5克、食用油适量。

◎做 法

①益智仁、枸杞、肉苁蓉洗净。

②牛肉洗净，切块，用热油稍炒，盛出。

③全部用料连同姜片、大蒜一起放入砂锅内，加适量清水，武火煮沸后改文火煲3小时，加鱼露、味精、胡椒粉调味。

【功效详解】

● 《本草求实》记载："益智，气味辛热，功专燥脾温胃，及敛脾肾气逆，藏纳归源，故又号为补心补命之剂。" 益智仁与牛肉同煮，具有醒脑开窍、平衡大脑神经功能、改善脑部气血循环、增强大脑神经反射的功能，尤其适宜用脑过度的人群食用。

焦虑症

焦虑是常见的一种不愉快的、痛苦的情绪状态，并伴有躯体方面不舒服体验。当焦虑持续的时间过长而变成病理性焦虑时，即被称为焦虑症。

焦虑症的产生与遗传因素、不良事件、应激因素和躯体疾病等有密切关系，这些因素会导致机体神经—内分泌系统出现紊乱，神经递质失衡，最终引发焦虑症。焦虑症属中医"郁证"范畴，多是七情过度、情志不舒、气机郁滞造成脏腑功能失调，以及机体的营养平衡失调所致。

【典型症状】

心烦意乱、提心吊胆、缺乏安全感，严重时坐卧不宁、忧虑恐惧，常伴有食欲不振、失眠多梦、四肢发冷、心慌气短等症状。

【家庭防治】

在织物上滴1～2滴熏衣草油，然后轻轻地吸入，也可以涂一滴在太阳穴处，可以有效地防治焦虑症。

民间小偏方 [壹]

【用法用量】取龙眼10克洗净，配冰糖适量，炖服，或将龙眼泡茶、煮粥、泡酒服用。

【功效】镇静、宁心、安神，抑制焦虑症状。

民间小偏方 [贰]

【用法用量】水发银耳200克，莲子30克，薏米10克，冰糖适量。银耳洗净择成小朵，同洗净的莲子、薏米加水煮45分钟，加入冰糖调味。

【功效】清热解渴、养胃健脾、祛湿补血、滋阴顺气。

【推荐药材食材】

麦冬

◎滋阴生津、润肺止咳、清心除烦，主治虚痨咳嗽、津伤口渴、心烦失眠。

柴胡

◎疏肝解郁、透表泄热、升举阳气，主治肝郁气滞、脾胃湿热、胸胁胀痛。

红枣

◎补中益气、养血安神、健脾益胃，治疗心烦失眠、疲倦无力、精神不安。

汤膳食疗 杞枣鸡蛋汤

◎原材料

枸杞30克、红枣9颗、鸡蛋2个。

◎调味料

冰糖适量。

◎做 法

①枸杞用温水洗净，沥干后备用；红枣洗净，去核。

②将枸杞、红枣一起放于炖盅中，加适量清水烧开。

③加入鸡蛋煮至熟，出锅前加盐调味即可食用。

【功效详解】

● 红枣具有补虚益气、养血安神、健脾和胃等功效，是脾胃虚弱、气血不足、倦怠无力、失眠等患者良好的保健营养品，常喝鸡蛋枸杞汤，对焦虑症、失眠的患者都有好处。而且常吃红枣还有美容养颜的功效。

汤膳食疗 麦冬瘦肉汤

◎原材料

莲子30克、百合（干品）5克、麦冬12克、猪瘦肉200克。

◎调味料

生姜片、盐各适量。

◎做 法

①百合、莲子、麦冬洗净。

②猪瘦肉洗净，切块，氽去血水洗净。

③将原材料放入瓦煲内，加清水，放入生姜片，以大火煲滚后改文火煮约2小时，加盐调味即可。

【功效详解】

● 麦冬是清心润肺之药，主要用于阴虚肺燥、咳嗽痰黏、热伤胃阴、大便干结、心经有热、心烦不眠、舌红少津等症。麦冬味甘气平，能益肺金；性寒味苦，能降心火，养肾髓，专治劳损虚热。常喝此汤，可以缓解焦虑症。

神经衰弱

神经衰弱是由于大脑神经活动长期处于紧张状态，导致大脑神经功能失调而造成的精神和身体活动能力减弱的疾病。

超负荷的体力或脑力劳动引起大脑皮层兴奋和抑制功能紊乱，是引起神经衰弱症的主要原因，因而脑力劳动者多为神经衰弱的高发人群。感染、营养不良、内分泌失调、颅脑创伤、躯体疾病以及长期的心理冲突和精神创伤等也都会诱发神经衰弱。

神经衰弱属中医"郁证""心悸""不寐"或"多寐"范畴，多因情绪紧张、暴受惊骇或素体虚弱、心虚胆怯引起心神不安所致。

【典型症状】

精神易兴奋、易疲劳、过度敏感、睡眠障碍、情绪不稳定、多疑焦虑，常伴有头昏、眼花、心悸、心慌、消化不良等症状。

【家庭防治】

安排有规律的生活、学习和工作，提倡科学用脑，防止大脑过度疲劳；坚持适当的体育锻炼，如打球、游戏、体操等，培养开朗乐观的精神。

民间小偏方 [壹]

【用法用量】何首乌15～30克，或加络石藤、合欢皮各15克，洗净以水煎服，每天1剂，晚上服。
【功效】补肝肾、养脑安神，适用于神经衰弱。

民间小偏方 [贰]

【用法用量】菊花、炒决明子若干，洗净代茶泡服。
【功效】明目、止眩、止痛，适用于神经衰弱。

【推荐药材食材】

莲子

◎健脾补胃、养心安神，主治心烦失眠、脾虚久泻、神志不清。

酸枣仁

◎宁心安神，主治阴血不足、心悸怔忡、失眠健忘、体虚多汗。

天麻

◎平肝潜阳、祛风通络，可用于治疗神经衰弱和神经衰弱综合征。

莲子猪心汤

◎原材料

猪心1个（约400克）、莲子60克。

◎调味料

盐适量。

◎做　法

①猪心洗净，切片，汆水，捞出沥干；莲子（去心）洗净。

②把全部材料放入锅内，加清水适量，武火煮沸后，文火煲2小时（或以莲子煲烂为度），加盐调味即可。

【功效详解】

● 莲子性平，味甘，入脾、肾、心经，能清心醒脾、补脾止泻、养心安神。猪心能补心，治疗心悸、心跳、怔忡，且自古即有"以脏补脏""以心补心"的说法。莲子加猪心同煮，安神效果更好，对神经衰弱症有明显疗效。

双仁菠菜猪肝汤

◎原材料

猪肝200克、菠菜200克、酸枣仁10克、柏子仁10克。

◎调味料

盐5克。

◎做　法

①酸枣仁、柏子仁装在棉布袋扎紧；猪肝洗净切片，汆烫；菠菜去头洗净。

②将布袋入锅加1000毫升清水，熬至约剩750毫升。

③猪肝入沸水中汆烫后捞出，和菠菜一起加入高汤中，待水一开即熄火，加盐调味即成。

【功效详解】

● 酸枣仁，实酸平，仁则兼甘。专补肝胆，亦复醒脾。熟则芳香，香气入脾，故能归脾。能补胆气，故可温胆。母子之气相通，故亦主虚烦、烦心不得眠。柏子仁亦有宁心安神的作用，二者同煮饮用，对神经衰弱症有缓解作用。

头晕耳鸣

头晕和耳鸣是很常见的症状，由多种疾病引起，如脑部病变、耳源性疾病、心脑血管病、颈椎病、精神性病等。除疾病之外，过度疲劳、睡眠不足、情绪过于紧张等因素也容易导致头晕耳鸣的发生。

头晕耳鸣不仅会影响患者的生活与工作，也会给患者带来精神上和生理上的巨大痛苦。患上头晕耳鸣症时，要及时前往医院做详细的检查，尽快找出病因，并积极地配合治疗。

【典型症状】

头昏、头痛、恶心呕吐、耳内有嗡嗡声，常伴有耳痛、失眠、听力下降、厌食等症状。

【家庭防治】

定息静坐，咬紧牙关，以两指捏鼻孔，怒睁双目，使气窜入耳窍，至感觉轰轰有声为止。每日数次，连做2~3天。

民间小偏方 [壹]

【用法用量】取大米50克，篱栏(中药)25克，带壳鸡蛋1个，洗净煮成稀粥，去篱栏渣和蛋壳，每日分两次食用药粥和鸡蛋。

【功效】治疗头晕头痛，辅助降低血压。

民间小偏方 [贰]

【用法用量】酸枣仁30克洗净，加水研碎，取汁100毫升；生地30克洗净，煎汁100毫升。大米100克洗净煮粥，粥熟后加酸枣仁汁、生地汁，每天服用1次。

【功效】滋阴清热、益气健中，治疗阴虚内热、虚火上扰型头晕耳鸣。

【推荐药材食材】

夏枯草

◎清肝火、散郁结，主治头痛、头晕、烦热耳鸣。

生地黄

◎滋阴清热、凉血补血，用于阴虚火旺、头晕目眩、化脓性中耳炎。

鳝鱼

◎补肝肾、益气血、强筋骨，头晕耳鸣、筋骨无力者可长期食用。

膳食疗 生地煲龙骨

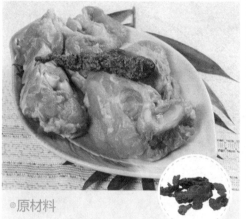

◎原材料

龙骨（即猪脊骨）500克、生地20克。

◎调味料

姜10片、盐5克、味精3克。

◎做 法

①龙骨洗净，斩成小段；生地洗净。

②锅中加水烧沸，下入龙骨段，焯去血水后捞出沥水。

③取一炖盅，放入龙骨、生地、生姜和适量清水，隔水炖45分钟，调入盐、味精即可。

【功效详解】

● 生地黄质润多液能养阴，味甘性寒能生津，有养阴润燥生津作用，用于温热病后期、邪热伤津者。另外，该品有滋阴清热作用，常用于治疗阴虚火旺的口干口渴、头晕目眩。龙骨汤中加入生地，对于现代白领工作压力大引起的头晕耳鸣症有治疗作用。

膳食疗 夏枯草豆汤

◎原材料

黑豆50克、夏枯草30克。

◎调味料

白糖3克。

◎做 法

①夏枯草除去杂质，洗净，控干水分。

②黑豆除去杂质，洗净，用水浸泡30分钟。

③将夏枯草、黑豆倒入锅内，加适量水，用小火煮约1小时，捞除夏枯草，加白糖，继续煮至黑豆酥烂、豆汁约剩下1小碗时即可饮用。

【功效详解】

● 夏枯草常用于肝火上炎、目赤肿痛、目珠疼痛、头痛、晕眩等症。夏枯草能清泄肝火，为治肝火上炎所致的目赤、头痛、头晕的要药，常与菊花、石决明等同用。另外，若肝虚目珠疼痛，至夜尤剧，可与当归、白芍等配合使用。

汤膳食疗 板栗脊骨汤

◎原材料

菊花20克、夏枯草20克、
猪脊骨600克、蜜枣3颗、板栗100克。

◎调味料

盐5克。

◎做 法

①菊花、夏枯草洗净，浸泡1小时；板栗去壳、皮毛洗净。

②猪脊骨斩块，洗净，焯水；蜜枣洗净备用。

③将清水1600毫升放入瓦煲内，煮沸后加入以上用料，武火煲沸后改用文火煲2小时，加盐调味即可。

【 功效详解 】

● 夏枯草配伍菊花，清肝火、平肝阳；菊花清热凉肝，本汤中，二者合用，有清肝、凉肝、平肝之功。用于治疗肝火上炎、肝经风热引起的目赤肿痛，或肝阳上亢导致的头痛、眩晕，是治疗疲劳引起的头晕耳鸣的良药。

汤膳食疗 黄芪红枣鳝鱼汤

◎原材料

鳝鱼500克、黄芪75克、
红枣10克。

◎调味料

盐5克、味精3克、姜片10克、料酒10毫升。

◎做 法

①鳝鱼宰杀，洗净切段，汆水；黄芪、红枣均洗净；起锅爆香姜片，加少许料酒，放入鳝鱼，炒片刻取出。

②黄芪、红枣、鳝鱼入瓦煲内，加适量水，大火煮沸后改小火煲1小时，加盐、味精调味即可。

【 功效详解 】

● 鳝鱼肉性温味甘，有补中益血、治虚损之功效，民间用以入药，可治疗虚劳咳嗽、湿热身痒、痔瘘、肠风痔漏、耳聋、头晕耳鸣等症。红枣安神、补气血，黄芪补中益气，能增强此汤的药性，让疗效更明显。

空调病

　　长时间在空调环境下工作学习，容易引起人体机能衰退，产生一系列相关症状，这类现象就称之为"空调病"或"空调综合征"。

　　由室外进入空调房，因环境发生改变，大脑指令皮肤外周血管收缩，致使邪气留于体内，加之空调房的空气干燥，人体散失更多的水分，就会出现一系列不适症状。空调病属中医暑湿证，是由肌体调摄失宜，风寒湿邪乘虚而入，致卫阳被郁、中焦气机不畅、运化失司、外寒而内失所致。

【典型症状】

发热、头痛、流涕、周身酸痛、鼻塞不通、胃肠不适，常伴有眼睛干涩、皮肤干燥、食欲不振、耳鸣、乏力、记忆力减退、肢体麻木等症状。

【家庭防治】

合理设置空调温度，注意多喝水，以补充身体水分。利用休息时间走出空调房，呼吸室外新鲜空气，以减少头痛、疲劳等症状的发生。

民间小偏方 [壹]

【用法用量】取香菜、生姜各10克。香菜洗净切碎，生姜洗净切片。将生姜放入锅中，加水适量，煮沸2分钟，加入香菜及调味料。
【功效】将风寒邪气透达于表，可治疗胃寒、恶心。

民间小偏方 [贰]

【用法用量】取老姜一块，洗净拍破放入锅中，放适量葱白，加水煎煮开，离火后再放红糖，趁热饮用。
【功效】发汗解表，温胃止呕、解毒，治疗腹痛、吐泻、伤风感冒、腰肩疼痛等空调综合征。

【推荐药材食材】

桑叶

◎疏散风热、清肺润燥，用于风热感冒、肺热燥咳、头晕头痛。

川贝母

◎清热化痰、散结解毒，主治上呼吸道感染、咽喉肿痛、支气管炎。

香菜

◎醒脾和中、祛风解毒、利尿通便，主治胃寒痛、消化不良、食欲不振、伤风感冒。

汤膳食疗 香菜豆腐鱼头汤

◎原材料

鱼头450克、豆腐250克、香菜30克。

◎调味料

生姜2片、盐适量、油适量。

◎做 法

①豆腐用盐水浸泡1小时，沥干水；锅烧热放油，将豆腐煎至两面呈金黄色。

②香菜洗净；鱼头去腮，剖开，用盐腌2小时，洗净；锅烧热下花生油，用姜片炝锅，将鱼头煎至两面呈金黄色。

③加入适量清水，大火煮沸后加入煎好的豆腐煲30分钟，放入香菜，加盐调味。

【功效详解】

● 香菜性温，味辛，归肺、脾经；具有发汗透疹、消食下气、醒脾和中的功效，加豆腐、鱼头同煮食用，暖中和胃，对于风寒湿邪入侵人体引起的病患有良好的疗效，还可预防风寒性感冒。

汤膳食疗 海底椰参贝瘦肉汤

◎原材料

海底椰150克（干品15克）、太子参10克、川贝母10克、猪瘦肉400克、蜜枣3颗。

◎调味料

盐5克。

◎做 法

①海底椰洗净；太子参洗净，切片。

②川贝母洗净，打碎；猪瘦肉洗净，飞水；蜜枣洗净。

③将所有用料放入炖盅内，加开水700毫升，加盖，隔水炖4小时，加盐调味即可。

【功效详解】

● 空调病多因湿邪引起，与感冒病因相同，而川贝母主要功能为润肺止咳、清热化痰，因此可防治和缓解病症，对空调房内空气干燥引起的肺部不适也有很好的治疗作用，上班族可常饮此汤，预防空调病。

电脑眼病

　　长期使用电脑工作的人员，经常用眼过度，受到电脑微波的影响，如果不注意保护眼睛，就会容易患上电脑眼病。

　　操作电脑时，要注意使屏幕中心和胸部在同一水平线上，距眼睛40～50厘米，室内光线明暗也要保持适宜。每隔1个小时要休息10～15分钟，可以做眼保健操，或者站在窗边远眺前方。平时要多吃富含维生素A的食物。做好眼睛保健措施，才能避免电脑引发的眼病。

【典型症状】

眼睛疲劳、红肿、发痒、疼痛、干涩、有灼热感、畏光、视力模糊或有重影，常伴有头晕、头痛、颈肩疼痛、腰痛、关节痛等症状。

【家庭防治】

眨眼次数的减少会导致泪液分泌减少，使眼睛非常容易受到屏幕所散发出的各种射线的刺激。经常眨眼，或者滴几滴润滑的滴眼液，可以防止眼睛干涩、发痒、灼热、畏光等现象。

民间小偏方 [壹]

【用法用量】常喝绿茶、乌龙茶或铁观音，茶叶胡萝卜素在体内可转化为维生素A，维生素A对眼睛大有益处。

【功效】减少电脑辐射，预防干眼症。

民间小偏方 [贰]

【用法用量】取银耳、枸杞各20克，茉莉花10克，将各味洗净，水煎汤饮，每日一剂，连服数日。

【功效】主治肝肾两虚引起的近视。

【推荐药材食材】

车前子

◎清热利尿、明目、祛痰，主治暑湿泻痢、目赤肿痛、感冒。

女贞子

◎补益肝肾、清虚热、明目，主治头昏目眩、眼睛视物昏暗。

银耳

◎补肾强精、益气安神、强心健脑，适用于阴虚火旺、免疫力低下者。

汤膳食疗 五子下水汤

◎原材料

鸡心、鸡肝、鸡胗各300克、蒺藜子、覆盆子、车前子、菟丝子、女贞子各10克。

◎调味料

生姜5克、蒜苗1棵、盐5克。

◎做 法

①将鸡内脏洗净，均切成片；生姜洗净，切丝；蒜苗洗净，切丝。

②将所有药材放入棉布袋内，扎好，放入锅中，加适量水煲20分钟。

③捞起棉布袋，转中火，加入鸡内脏、生姜丝、蒜苗丝煮开，加盐调味即可。

【 功效详解 】

● 车前子行肝疏肾、畅郁和阳，同和肝药用，治目赤目昏；蒺藜子是眼科常用药，女贞子也有明目功效，多种合一，疗效显著，对于电脑眼的防治和治愈都有明显功效，眼部易疲劳者也可常饮用此汤。

汤膳食疗 熟地水鸭汤

◎原材料

枸杞30克、熟地100克、女贞子50克、水鸭1只(约1000克)。

◎调味料

姜、米酒、胡椒粉、味精、盐各适量。

◎做 法

①水鸭去毛及内脏，洗净切小块；所有中药材洗净；姜洗净，切片。

②锅里加水烧开，放入米酒，倒入鸭块氽去血水，捞出洗净。

③将鸭块、药材、姜片一同放入炖锅中，加适量清水，大火煲开后转小火熬煮至鸭肉熟烂，加盐、味精、胡椒粉调味。

【 功效详解 】

● 女贞子为清补之品，具有滋补肝肾、明目乌发的功能。主要用于眩晕耳鸣、腰膝酸软、须发早白、目暗不明等。女贞子的特点在于药性较平和，作用缓慢，久服始能见效。因此可常喝此汤，而不用担心产生副作用。

腰酸背痛

腰酸背痛，指的是由疲劳或疾病引起的脊椎骨和关节及其周围软组织等病损的一种症状，是一种很常见的病症。

腰酸背痛的病因有很多，如身姿不良、长时间劳作、腰椎体骨质疏松、腰部创伤未愈、肾与输尿管感染发炎和腰椎间盘突出等。患有腰酸背痛要及时找出发病原因，积极配合医生和物理治疗师进行病症的治疗。

【 典型症状 】

腰背、腰骶和骶髂部多出现隐痛、钝痛、刺痛、局部压痛或伴放射痛，劳累时腰部酸痛或胀痛，常伴有活动不利、俯仰不便、不能持重、步行困难、肢倦乏力等症状。

【 家庭防治 】

经常用温水泡澡，并搭配温泉粉、浴油或香精，或者多做收缩腹肌、伸展腰肌运动，以及散步、倒步行等，都可以减缓腰痛的痛苦。

民间小偏方 [壹]

【用法用量】取杜仲、破故纸、小茴香各1克，鲜猪腰子1对。猪腰子洗净切片，与洗净的上三味药一起加适量水共煮，至腰片煮得发黑即可盛装食用。

【功效】补肝肾，强筋骨，散寒止痛。

民间小偏方 [贰]

【用法用量】取桑寄生、猪骨头各50克，杜仲15克。猪骨头洗净剁成块，滚烫后捞起。将所有材料洗净盛入煮锅中，倒入适量清水后用大火烧开，再转小火炖至熟烂，加盐调味即可食用。

【功效】治疗腰酸背痛、下肢乏力无法久站。

【 推荐药材食材 】

桑寄生

◎益肝肾、强筋骨、祛风湿，主治腰膝酸痛、风湿痹痛。

红花

◎活血通经、散瘀止痛，可治疗肩痛、臂痛、腰痛、腿痛。

猪肾

◎补肾、强腰、益气，主治肾虚腰痛、久泄不止。

汤膳食疗 杜仲猪腰汤

◎原材料

杜仲20克、猪腰1个。

◎调味料

盐适量。

◎做 法

①将猪腰子剥去薄膜，剖开，剔去筋，切成片，用清水漂洗一遍，捞起沥干备用；杜仲洗净。

②将杜仲与猪腰一起放入瓦煲内，加入适量清水，煲至熟烂。

③食用前加盐调味即可。

【功效详解】

● 猪腰即猪肾，性平，味咸，无毒，入肾经，可主治肾虚所致的腰酸痛。杜仲具有补肝肾、强筋骨、清除体内垃圾、加强人体细胞物质代谢、防止肌肉骨骼老化的作用，两者同用，对肾虚所致的腰酸背痛疗效明显。

汤膳食疗 丹参乌鸡汤

◎原材料

丹参15克、红枣10颗、红花2.5克、核桃仁5克、乌鸡1只（约500克）。

◎调味料

盐8克。

◎做 法

①红花、桃仁洗净，装入布袋内扎紧。

②乌鸡宰杀，洗净，剁块，放入沸水中汆烫后捞出；红枣、丹参洗净。

③将所有材料放入炖盅内，加2000毫升水上蒸笼，蒸至鸡肉熟烂，取出棉布袋，加盐调味即成。

【功效详解】

● 红花活血行气、祛瘀通络、通痹止痛，主治气血瘀阻经络所致的肩痛、臂痛、腰痛、腿痛或周身疼痛；乌鸡是滋补上品，可提高生理机能、延缓衰老、强筋健骨。乌鸡汤中加红花，可助于气血流通，缓解久坐引起的腰酸背痛。

内分泌失调

正常情况下人体各种激素保持平衡状态，当受到生理、营养、情绪和环境等因素的影响，某种或某些激素分泌过多或过少时就会造成内分泌失调。

中医认为，内分泌失调主要由外邪入侵人体、瘀血滞留体内、脉络受阻等引起气血瘀滞，造成阴虚所致，应根据实、虚、阴、阳、气、血等进行不同的调理，以消除体内瘀积，令气血通畅，使精血滋养全身。

【典型症状】

男性：精力不集中，记忆力减退，疲劳，脱发，焦虑，性欲减退，不育。
女性：肌肤恶化，脾气急躁，乳房胀痛，乳腺增生，肥胖，不孕，体毛过多，早衰。

【家庭防治】

从四肢末梢向心脏方向按捏，以改善淋巴液和血液循环，促进肌肉新陈代谢，加速体内废物、毒素排出，这样能有效地调节内分泌，使其恢复至正常水平。

民间小偏方 [壹]

【用法用量】取药用玫瑰花5朵，红茶茶包1包，牛奶500毫升，蜂蜜少许。用清水洗净玫瑰花后煮3分钟，再放入茶包煮2分钟，最后加入牛奶煮沸即可。待温热时加入蜂蜜拌匀服用。
【功效】调和脏腑，行气活血，化瘀，促进气血运行。

民间小偏方 [贰]

【用法用量】取珍珠母30克，百合15克。珍珠母洗净，用清水煎，取汁弃药渣。用药汁加洗净的百合煎饮。每日1次。
【功效】平肝潜阳、安神定惊、美容养颜，适于心神不安、失眠多梦、黄褐斑患者燥热较甚者。

【推荐药材食材】

刺五加

◎补肝肾、祛风湿、活血脉，主治风寒湿痹、腰膝疼痛、体虚羸弱。

益母草

◎活血调经、清热解毒，主治月经不调、瘀血腹痛、小便不利。

薏米

◎健脾祛湿、舒筋除痹，主治脾虚腹泻、肌肉酸重、关节疼痛、水肿、白带。

汤膳食疗 黄芪薏米乌龟汤

◎原材料

乌龟1只（约250克）、黄芪30克、薏米15克、杜仲10克。

◎调味料

生姜2片、盐适量。

◎做 法

①将黄芪洗净；薏米洗净，晾干水后略炒；杜仲洗净；乌龟用开水烫死，去龟壳、肠脏，洗净，斩件。

②把全部材料一起放入锅内，加清水适量，武火煮沸后，文火煮1~2小时，放盐调味即可。

【 功效详解 】

● 薏米是常用的中药，又是常吃的食物，性微寒，味甘淡，有利水消肿、健脾祛湿、舒筋除痹、清热排脓等功效，为常用的利水渗湿药，能调节内分泌，药力较缓，煲成汤后，可长期食用，且有美白养颜的功效。

汤膳食疗 益母草煲鸡蛋汤

◎原材料

益母草20克、鸡蛋3个。

◎调味料

生姜、盐、食用油各适量。

◎做 法

①将益母草洗净；生姜洗净，拍破。

②炒锅里放适量食用油，打入鸡蛋煎至两面微黄，捞出，沥干油。

③将煎好的鸡蛋和益母草、生姜一起放入瓦煲内，加适量清水，猛火煮开，再改中火煮15分钟，捞去药渣，调味即可。

【 功效详解 】

● 用益母草治疗内分泌失调症，对女性而言，效果更明显。因为益母草主治月经不调，有养经活血的功效，气血顺则经期顺，从而达到平衡身体内分泌系统，有效防治内分泌失调的症状的目的。常喝此汤，对内分泌失调有很好的缓解作用。

上火

上火是中医术语，现代医学上没有"上火"这一定义，所谓上火就是指人体阴阳失衡而引起的内热症。

按中医理论，"火"可以分为"实火"和"虚火"两大类。实火，是指邪火炽盛引起的实热证，多由外感风、寒、暑、湿、燥、火所致，而精神过度刺激、脏腑机能活动失调也会引起。虚火，是指阴虚而导致阳气相对亢盛，机体内热进而化为虚火。实火和虚火有各自不同的表现，应根据具体情况而定，可服用滋阴、清热、解毒、消肿的药物，以实现去火的目的。

【典型症状】

实火：烦躁、头痛、高热、口唇干裂、面红目赤、腹胀痛、小便黄、大便秘结、鼻出血。阴虚火旺：全身潮热、夜晚盗汗、形体消瘦、口燥咽干、五心烦热、躁动不安。气虚火旺：全身燥热、畏寒怕风、身倦无力、喜热怕冷、气短懒言。

【家庭防治】

保持良好的心态，避免情绪波动过大，防止中暑、着凉，不要过多食用葱、姜、蒜、辣椒等辛辣之品。凉茶饮品有明显的预防上火的作用，可以之代替其他饮料或佐餐。

民间小偏方 [壹]

【用法用量】取莲子30克，栀子15克（用纱布包扎），洗净，加冰糖适量水煎，吃莲子喝汤。
【功效】去心火。

民间小偏方 [贰]

【用法用量】取川贝母10克洗净捣碎成末，梨2个，削皮切块，加冰糖适量，清水适量炖服。
【功效】适用于去肝火。

【推荐药材食材】

大黄
◎清湿热、泻火、凉血，主治实热便秘、湿热泻痢、热毒痈疡等。

玉竹
◎滋阴润肺、养胃生津，主治阴液耗伤、内热消渴、阴虚外感。

苦瓜

◎清热、解毒、健胃，用于治疗发热、中暑、目赤疼痛、恶疮。

汤膳食疗 苦瓜海带瘦肉汤

◎原材料

苦瓜500克、海带100克、猪瘦肉250克。

◎调味料

盐、味精各适量。

◎做 法

①苦瓜切开两瓣，挖去瓤，切小块。

②海带浸泡约1小时，洗净，打成结。

③猪瘦肉洗净，切小块。

④所有材料放进砂锅中，加适量清水，煲至猪瘦肉烂熟，加盐、味精调味即可食用。

【功效详解】

● 苦瓜性寒，味苦，归心、肺、脾、胃经，具有清热降火、解毒、健胃的功效。苦瓜中的苦瓜苷和苦味素能增进食欲、健脾开胃；所含的生物碱类物质奎宁，有利尿活血、消炎退热、清心明目的功效。煲汤时，加点苦瓜同煮，可败火。

汤膳食疗 沙参玉竹兔肉汤

◎原材料

沙参30克、玉竹30克、百合30克、马蹄100克、兔肉600克。

◎调味料

盐5克。

◎做 法

①沙参、玉竹、百合分别洗净，浸泡1小时。

②马蹄去皮，洗净；兔肉斩件，洗净，飞水。

③将清水2000毫升放入瓦煲内，煮沸后加入以上材料，武火煲滚后，改用文火煲3小时，加盐调味。

【功效详解】

● 玉竹性平，味甘，归肺、胃经，略能清心热，还可用于热伤心阴之烦热多汗、惊悸等症，宜与麦冬、酸枣仁等清热养阴安神之品配伍，对于缓解上火症状也有一定疗效。本汤中，沙参玉竹同煮，败火效果更明显。

第三章

内科疾病
食疗好汤膳

高血脂

脂肪代谢或运转异常使血浆一种或多种脂质高于正常称为高血脂。高血脂是一种全身性疾病，指血中总胆固醇和（或）甘油三酯过高。脂质不溶或微溶于水，必须与蛋白质结合以脂蛋白形式存在，因此，高血脂通常也称为高脂蛋白血症。

血浆总胆固醇大于等于6.2毫摩尔/升或（和）血浆甘油三酯大于等于2.3毫摩尔/升，即可诊断为高血脂。高血脂的主要危害是导致动脉粥样硬化，进而导致众多的相关疾病，其中最常见的一种致命性疾病就是冠心病。此外，高血脂也是促成高血压、糖耐量异常、糖尿病的一个重要危险因素。

【典型症状】

一般表现为头晕、神疲乏力、失眠健忘、肢体麻木、胸闷、心悸等。轻度高血脂通常没有任何不舒服的感觉，但没有症状不等于血脂不高，所以定期检查血脂至关重要。

【家庭防治】

做菜少放油，尽量以蒸、煮、凉拌为主；少吃煎炸食品；限制甜食的摄入；常待在空气负离子多的地方，如山上、海边。

民间小偏方 [壹]

【用法用量】绿茶、荷叶各10克，洗净以沸水冲泡，代茶频饮。
【功效】清热舒心，对高血脂伴头昏眼花、心慌、烦躁失眠者有较好的疗效。

民间小偏方 [贰]

【用法用量】将适量生山楂、莲子洗净研成细末，口服，每次15克，每日3次，1个月为1个疗程。
【功效】健胃泻火、降压降脂。

【推荐药材食材】

田七

◎所含的三七总皂苷及其他活性成分对心血管系统具有广泛的药理活性。

绿茶

◎提神清心、去腻减肥，对心脑血管病有一定的药理功效。

洋葱

◎能抑制高脂肪饮食引起的血脂升高，可防治动脉硬化症。

汤膳食疗 绿茶山药豆腐丸汤

◎原材料

绿茶10克、山药20克、豆腐100克、红薯粉末适量。

◎调味料

盐5克、油适量。

◎做　法

①豆腐以纱布包紧，挤去水分，绿茶、山药洗净磨成泥，放入豆腐中一起以同一方向拌稠。

②取一小撮豆腐泥揉成圆球，表面沾红薯粉末，用热油炸至呈金黄色，捞起。

③锅里加水煮开，放入豆腐丸子，中火煮开后转小火续煮5分钟，调味即成。

【功效详解】

● 绿茶有助消化和降低脂肪的重要功效，这是因为茶叶中的咖啡因能提高胃液的分泌量，可以帮助消化，增强分解脂肪的能力。此汤清润可口，有清热生津、消脂降压之功效，对高血脂有防治作用。

汤膳食疗 洋葱香芹汤

◎原材料

胡萝卜200克、洋葱50克、香芹100克、香菜50克。

◎调味料

盐、味精、胡椒粉、香油各适量。

◎做　法

①将胡萝卜、洋葱、香芹、香菜洗净，放入锅内加水煮熟。

②将煮熟的各蔬菜切成细丝，再放入锅内，加入适量鲜汤煮沸，再加盐、味精、胡椒粉，淋上香油即成。

【功效详解】

● 洋葱是唯一含前列腺素A的植物，是天然的血液稀释剂。此外，洋葱还有对抗人体内儿茶酚胺等升压物质，促进钠盐的排泄，从而使血压下降的作用。经常食用此汤，对高血压、高血脂和心脑血管病人都有保健作用。

高血压

高血压是指在静息状态下动脉收缩压和（或）舒张压增高的疾病。收缩压大于等于140毫米汞柱和（或）舒张压大于等于90毫米汞柱，即可诊断为高血压。它是一种以动脉压升高为特征，可伴有心脏、血管、脑和肾脏等器官功能性或器质性改变的全身性疾病。它有原发性高血压和继发性高血压之分。高血压发病的原因很多，可分为遗传和环境两大方面。其他可能引起高血压的因素有以下几种：体重、避孕药、睡眠呼吸暂停低通气综合征、年龄、饮食等。另外，血液中缺乏负离子也是导致高血压的重要原因。若血液中的负离子含量不足，就会导致病变老化的红细胞细胞膜电位不能被修复，从而导致高血压的发生。

【典型症状】

常伴有头疼、眩晕、耳鸣、失眠、心悸气短、肢体麻木等症。

【家庭防治】

把水烧开，放入两三小勺小苏打，待至水温合适时，放下脚开始洗，然后按摩双足心，促进血液循环，每次20分钟左右。

民间小偏方[壹]

【用法用量】生花生米（带红衣）半碗洗净，用陈醋缓缓倒入至碗满，浸泡7天。每日早晚各吃10粒。血压下降后可隔数日服用1次。

【功效】清热、活血，对保护血管壁、阻止血栓形成有较好的作用。

民间小偏方[贰]

【用法用量】菊花、槐花、绿茶各3克，洗净以沸水沏之。待水变浓后，频频饮用，平时可常饮。

【功效】清热、散风，可治因高血压引起的头晕、头痛。

【推荐药材食材】

豨莶草

◎祛风湿、解毒，用于风湿痹痛、高血压等症的辅助治疗。

西瓜皮

◎解渴利尿，对高血压、心脏及肾脏性水肿患者均有保健功效。

芹菜

◎对预防高血压、动脉硬化等都十分有益，并有辅助治疗作用。

汤膳食疗 竹笋西瓜皮鲤鱼汤

◎原材料

鲤鱼1条（约750克）、
竹笋500克、西瓜皮50克、红枣20克。

◎调味料

生姜、盐各适量。

◎做 法

①竹笋洗净，切片；鲤鱼洗净斩件；西瓜皮洗净；生姜洗净切片；红枣洗净去核。

②热锅下油，入姜片炝锅，下鲤鱼块，炸至两面金黄，捞出沥油；瓦煲内加适量清水烧开，放入其他材料，大火煮沸后改小火煲2小时，加盐调味即可。

【功效详解】

● 西瓜皮性凉，味甘，有消炎降压、减少胆固醇沉积、软化及扩张血管、促进新陈代谢的作用。高血压患者可以将其作为降压解暑的饮品，直接将西瓜皮煮水服用或煮汤喝都可收到不错的效果。此汤适用于慢性肾炎、高血脂病症者食用。

汤膳食疗 红枣芹菜汤

◎原材料

红枣10颗、芹菜400克。

◎调味料

盐适量。

◎做 法

①红枣洗净，去核。

②芹菜去根、叶，留茎，洗净，然后切长段。

③净锅上火，将红枣、芹菜放入锅中，加适量水煮20分钟，待汤沸时加盐调味即成。

【功效详解】

● 芹菜性微寒，味甘苦，有水芹、旱芹两种，功能相近，药用以旱芹为佳。芹菜具有降血压、降血脂、防治动脉粥样硬化的作用。临床对于原发性、妊娠性及更年期高血压均有一定疗效。此汤适宜作为高血压患者的常用食疗方。

低血压

低血压指由于血压降低引起的一系列症状，如头晕和晕厥等。由于生理或病理原因造成血压收缩压低于100毫米汞柱，即会形成低血压。低血压可以分为急性低血压和慢性低血压。平时我们讨论的低血压大多为慢性低血压。慢性低血压是指血压持续低于正常范围的状态，其中多数与患者体质、年龄或遗传等因素有关，临床称之为体质性低血压；部分患者的低血压发生与体位变化（尤其是直立位）有关，称为体位性低血压；而与神经、内分泌、心血管等系统疾病有关的低血压称之为继发性低血压。

【典型症状】

低血压可表现为各种虚弱征候，中医多称之为"眩晕""虚损"等。低血压发作时的症状一般为头晕、乏力、出虚汗等。

【家庭防治】

晚上睡觉将头部垫高，常淋浴以加速血液循环，以冷水、温水交替洗脚均可减轻低血压症状。

民间小偏方 [壹]

【用法用量】甘草15克，肉桂30克，洗净用布袋包住，水煎当茶饮。

【功效】通血脉、暖脾胃，用于辅助治低血压引起的食欲不振、面色无华、乏力等症。

民间小偏方 [贰]

【用法用量】五味子、淫羊藿各30克，黄芪、当归、川芎各20克，白酒适量，药材洗净，以水煎服。每日1剂，于早、晚饭前服用。

【功效】温肾、补益气血，可有效缓解因低血压引起的头晕、乏力等。

【推荐药材食材】

灵芝

◎增强人体免疫力，在调节血压、保肝护肝等方面有较好的疗效。

黄精

◎补气养阴、健脾、益肾，用于辅助治疗脾胃虚弱、精血不足症。

肉桂

◎能暖脾胃、除积冷、通血脉。

灵芝山药鸡腿汤

◎原材料

香菇10克、鸡腿500克、灵芝3片、杜仲5克、山药10克、红枣6颗、丹参10克。

◎调味料

盐适量。

◎做 法

①香菇泡发洗净；灵芝洗净，切丝，与其余药材一起装入棉布袋，扎紧袋口。

②鸡腿斩块，入沸水中氽烫后，捞起。

③炖锅中加适量清水烧开，将所有材料放入锅中煮沸，转小火炖约1小时，加盐调味即可。

【功效详解】

● 灵芝中多种营养成分对调节心脑血管有着良好疗效的成分。灵芝不但能使血压高的下降，也能使血压低的升高。这是由灵芝中多样的有效成分发挥综合作用所产生的神奇疗效。此汤对于血虚、贫血、低血压等有较好辅助治疗效果。

黄精山楂脊骨汤

◎原材料

黄精50克、山楂20克、猪脊骨500克。

◎调味料

盐5克。

◎做 法

①将黄精、山楂洗净，浸泡1小时。

②猪脊骨斩件，洗净，氽水。

③将清水2000毫升放入瓦煲内，煮沸后加入以上汤料，武火煲开后改用文火煲3小时，加盐调味即可。

【功效详解】

● 黄精性平，味甘，有抗缺氧、抗疲劳、抗衰老作用，能增强免疫功能，增强新陈代谢，有降血糖和强心作用。它对于原发性低血压有较好的治疗效果。黄精既补阴又益气，使心血得养，脉运畅达。此汤对于高血糖也有一定防治作用。

贫血

　　"贫血"是指人体外周血中红细胞容积减少，低于正常范围下限的一种常见的临床症状。中国科学院肾病检测研究所血液病学家认为，在中国海平面地区，成年男性Hb（血红蛋白）小于120克/升,成年女性Hb小于110克/升,孕妇Hb小于100克/升就存在贫血症状。贫血的原因包括：①造血的原料不足；②血红蛋白合成障碍，如叶酸、维生素B_{12}缺乏导致的巨幼红细胞性贫血；③血细胞形态改变；④各种原因导致的造血干细胞损伤；⑤频繁或者过量出血、失血而导致的贫血；⑥其他原因。

【 典型症状 】

体力活动后感到心悸、气促，这是贫血最常见的症状；经常感觉头晕、头痛、耳鸣、眼花、眼前出现黑点或"冒金星"；精神不振、倦怠嗜睡、注意力不易集中；食欲不振，经常感觉腹胀、便秘；头发无光泽，细而脆，容易脱发。

【 家庭防治 】

贫血的治疗一般以食疗为主，平时饮食营养要合理，食物必须多样化，不应偏食，忌食辛辣、生冷不易消化的食物，可配合滋补食材以补养身体。

民间小偏方 [壹]

【用法用量】土大黄30克，丹参15克，鸡内金10克，洗净以水煎服，每日1剂，连服15剂为一个疗程。

【功效】本方对于血小板减少、再生障碍性贫血恢复期均有较好的疗效。

民间小偏方 [贰]

【用法用量】阿胶15克，红参10克，红枣8枚，药材洗净，加水250毫升，炖40分钟，加红糖适量，睡前一小时服用，两天一剂。

【功效】滋阴补血，用于贫血之萎黄、眩晕、心悸等症，为补血之佳品。

【 推荐药材食材 】

黑豆

◎补血养颜、乌发、养心安神，多食可使人脸色红润，气血充足。

红枣

◎增加血中含氧量，滋养全身细胞，是一种药效缓和的滋补上品。

桂圆肉

◎补益心脾、养血安神，用于气血不足、心悸怔忡、血虚萎黄等症。

汤膳食疗 燕窝红枣鸡丝汤

◎原材料

燕窝6克、红枣5颗、鸡胸肉150克。

◎调味料

盐3克。

◎做 法

①燕窝浸泡，剔除燕毛及杂质。

②红枣去核，切丝；鸡胸肉洗净，切成丝。

③将所有原材料放入炖锅内，加清水500毫升，加盖，隔水炖3小时，加盐调味即可。

【功效详解】

● 红枣富含钙和铁，它们对防治骨质疏松、贫血有重要作用。常食红枣可治疗身体虚弱、神经衰弱、脾胃不和、消化不良、劳伤咳嗽、贫血消瘦，其养肝防癌和补血养颜功效尤为突出。此汤适宜贫血症见眩晕、面色无华、烦躁失眠者食用。

汤膳食疗 桂圆老鸽汤

◎原材料

新鲜桂圆8颗、老鸽1只、陈皮10克。

◎调味料

盐少许。

◎做 法

①老鸽杀洗干净，去毛、内脏，斩成大块，飞水5分钟。桂圆去壳，去核，取肉；陈皮浸透，洗干净。

②瓦煲内加入清水，用猛火煲至水开，放入老鸽和陈皮，改用中火继续煲2小时，再放入桂圆肉。

③稍滚，加少许盐调味即可饮用。

【功效详解】

● 桂圆肉含丰富的葡萄糖、蔗糖及蛋白质等，含铁量也较高，在提高热能、补充营养的同时，又能促进血红蛋白再生以补血。此汤有益气补血的功效，适宜病后体弱、脾胃虚弱、气血不足者食用。

冠心病

　　"冠心病"是冠状动脉性心脏病的简称。由于脂质代谢不正常，血液中的脂质沉着在原本光滑的动脉内膜上，在动脉内膜一些类似粥样的脂类物质堆积而成白色斑块，称为动脉粥样硬化病变。冠状动脉粥样硬化是冠心病的主要病因。其实质是心肌缺血，所以也称为缺血性心脏病。本病发生的危险因素有：年龄、性别、家族史、血脂异常、高血压、尿糖病、吸烟、超重、肥胖、痛风、缺乏运动等。

【典型症状】

最常见的为心绞痛型，表现为胸骨后有压榨感、闷胀感，伴随明显的焦虑，持续3～5分钟。疼痛发作时，可伴有虚脱、出汗、呼吸短促、忧虑、心悸、恶心或头晕症状。

【家庭防治】

谨慎安排进度适宜的运动锻炼有助于促进侧支循环的发展，提高体力活动的耐受量，进而改善症状。

民间小偏方 [壹]

【用法用量】香蕉50克，蜂蜜少许，香蕉去皮研碎，加入等量的茶水中，加蜂蜜调匀当茶饮。

【功效】有营养心肌、防止动脉血管粥样硬化的功效，对冠心病有很好的作用。

民间小偏方 [贰]

【用法用量】用瓜蒌12克，薤白9克，洗净以煎水，每日分三次服用。

【功效】能放松动脉紧张度，减少心脏负荷，从而改善冠状动脉的供血。

【推荐药材食材】

薤白

◎理气宽胸、通阳散结，对于胸痹心痛彻背有不错的疗效。

银杏叶

◎敛肺、平喘，用于肺虚咳喘、冠心病、高血脂等症的辅助治疗。

海带

◎散结消炎、祛脂降压，常吃能够预防心血管疾病。

汤膳食疗 海带排骨汤

◎原材料

冬瓜200克、水发海带100克、猪排骨400克。

◎调味料

姜、葱、料酒、盐各适量。

◎做 法

①排骨汆水；水发海带洗净；冬瓜去皮，切条。

②锅内放入足够的水，放入洗净的排骨、姜片、葱段、料酒，用武火烧开后改用文火煲1个小时。

③放入冬瓜和少许盐，续煲30分钟后放入海带，20分钟后放盐调味即可。

【功效详解】

● 海带富含大量不饱和脂肪酸，能清除附着在血管壁上的胆固醇；海带中丰富的钙质，可降低人体对胆固醇的吸收，降低血压；海带富含钾离子，能保护心肌细胞。此汤对防治动脉硬化、高血压、冠心病等症都有一定疗效。

汤膳食疗 南瓜薤白牛蛙汤

◎原材料

牛蛙250克、南瓜500克、大蒜60克，薤白适量。

◎调味料

葱15克、盐适量。

◎做 法

①牛蛙去内脏，剥皮，切块；大蒜去衣，洗净；南瓜洗净，切块。

②把牛蛙、南瓜、大蒜、薤白放入开水锅内，武火煮沸后，文火煲半小时，下葱加盐调味即可。

【功效详解】

● 薤白有宽胸理气止痛之效，南瓜有补中益气、消炎止痛的作用。牛蛙可以促进人体气血旺盛，精力充沛，滋阴壮阳，有养心安神、补气之功效。此汤适用于胸痹之病，症见喘息咳唾，胸背痛，短气，寸口脉沉而迟。

心肌炎

　　心肌炎是指心肌中发生的急性、亚急性或慢性的炎性病变，这种炎性病变可能是局限性的，也可能是弥漫性的。心肌炎可原发于心肌，也可是全身性疾病的一部分。病因有感染、理化因素、药物等，最常见的是病毒性心肌炎，其中又以肠道病毒，尤其是柯萨奇B病毒感染最多见。婴幼儿患者的病情多比较严重，而成年人患者可无明显的症状，严重者可并发心律失常、心功能不全，甚至猝死。易发人群为儿童、青壮年及既往有心脏疾病患者。检查可见期前收缩、传导阻滞等心律失常，谷草转氨酶、肌酸磷酸激酶增高，血沉增快。心电图、X线检查有助于诊断。治疗包括静养，改进心肌营养，控制心功能不全与纠正心律失常，防止继发感染等。

【典型症状】

疲乏、发热、胸闷、心悸、气短、头晕，严重者可出现心功能不全或心源性休克。

【家庭防治】

根据身体状况逐渐地进行温补，避免暴饮暴食以减轻心脏负担。

民间小偏方 [壹]

【用法用量】金银花30克洗净，加水浸泡，煎煮2次，去渣取汁，入洗净的粳米50克煮成稀粥。每日服用2次。

【功效】清热解毒，适用于风热型病毒性心肌炎急性期。

民间小偏方 [贰]

【用法用量】西洋参3克，玉竹10克，丹参15克，山楂、炙甘草各6克，将诸药洗净置茶器中以沸水沏，代茶频饮。

【功效】益气养阴、活血宁心，对于心肌炎有一定的疗效。

【推荐药材食材】

灯芯草

◎性寒，味甘、淡，能通利小肠热气，亦能除心经之热。

珍珠母

◎镇心安神、平肝潜阳，可辅助治疗心悸失眠、肝热目赤。

牛肉

◎安中益气、补虚养血、养脾胃，对心血管有很好的食疗作用。

汤膳食疗 麦芽灯芯草鲜胗汤

◎原材料

麦芽50克、灯芯草5克、

鸡胗200克、鸭胗50克、蜜枣4颗。

◎调味料

盐5克，花生油、生粉各适量。

◎做　法

①将麦芽、灯芯草洗净，浸泡；蜜枣洗净。

②鸡胗、鸭胗用少许花生油、生粉搓擦，以去除异味，洗净，汆水。

③将清水2000毫升放入瓦煲内，煮沸后加入以上材料，武火煲沸后，改用文火煲3小时，加盐调味。

【功效详解】

● 灯芯草归心、肺、小肠经，可用于心肌炎症见心热烦躁、脉来疾数或结代者，单味煎服或与清心安神药同用，皆有不错的辅助治疗效果。《西藏常用中草药》说它能“清肺，降火，利尿，治心烦不寐”。此汤对心肌炎有食疗作用。

汤膳食疗 罗宋汤

◎原材料

洋葱100克、牛肉100克、

西红柿100克、土豆100克、高汤适量。

◎调味料

盐适量、番茄酱8克。

◎做　法

①洋葱剥皮，洗净，切丁；西红柿洗净，切丁；牛肉洗净切丁；土豆洗净，去皮，切丁。

②将高汤放入锅中，开中火，待滚后放入牛肉、洋葱、西红柿丁及土豆丁，煮至材料软烂、汤变稠后，加盐、番茄酱调味即可。

【功效详解】

● 凡体弱乏力、中气下陷、气虚自汗者，都可以将牛肉炖食进补。洋葱含有至少三种抗发炎的天然化学物质。西红柿中的番茄红素有很强的抗氧化作用，可以减轻和预防心血管疾病。此汤有抗炎解毒、补气之效，适量进食有利心肌炎的恢复。

糖尿病

糖尿病是由遗传因素、免疫功能紊乱、微生物感染及其毒素、自由基毒素、精神因素等等各种致病因子作用于机体导致胰岛功能减退、胰岛素抵抗等而引发的糖、蛋白质、脂肪、水和电解质等一系列代谢紊乱综合征。

糖尿病分Ⅰ型糖尿病、Ⅱ型糖尿病及其他特殊类型的糖尿病。Ⅰ型糖尿病是一种自体免疫疾病。Ⅱ型糖尿病是成人发病型糖尿病，多在35～40岁之后发病，占糖尿病患者90%以上。患者体内产生胰岛素的能力并非完全丧失，而是一种相对缺乏的状态。

【典型症状】

临床上以高血糖为主要特点，典型病例可出现多尿、多饮、多食、消瘦等表现，即"三多一少"症状。

【家庭防治】

注意进食规律，一日至少进食三餐，而且要定时、定量，两餐之间要间隔4～5小时；应选少油、少盐、少糖的清淡食品，菜肴烹调多用蒸、煮、凉拌、涮、炖等方法。

民间小偏方【壹】

【用法用量】山药25克，黄连10克，洗净以水煎服。

【功效】清热祛湿、补益脾肾，用于辅助治疗糖尿病之口渴、尿多、善饥。

民间小偏方【贰】

【用法用量】桃树胶20克，玉米须30～60克，两味洗净，加水共煎，每日饮两次。

【功效】平肝清热、利尿祛湿，能有效防治糖尿病并发症。

【推荐药材食材】

葛根

◎解肌退热、生津、透疹、升阳止泻，用于消渴、热痢、泄泻。

天花粉

◎清热生津，用于热病烦渴、肺热燥咳、内热消渴、疮疡肿毒。

冬瓜

◎清热、养胃生津，可治水肿、胀满、咳喘、暑热烦闷、消渴等。

粉葛脊骨汤

◎原材料

粉葛500克、绿豆50克、
猪脊骨600克、蜜枣3颗。

◎调味料

盐5克。

◎做 法

①粉葛去皮，洗净，切成块状。

②绿豆、蜜枣洗净；猪脊骨斩件，
焯水。

③将清水2000毫升放入瓦煲内，煮沸
后加入以上用料，武火煲滚后改用文火
煲3小时，加盐调味即可。

【功效详解】

● 葛根能生津止渴，可用于热病
口渴或消渴等症的食疗。《本草经
疏》有言："葛根，解散阳明温病
热邪之要药也，故主消渴。"葛根
有降低血糖作用，并能扩张心脑血
管。此汤既能降血糖，又有补养作
用，可长期食用。

鲫鱼冬瓜汤

◎原材料

鲫鱼300克、连皮冬瓜150克。

◎调味料

黄酒、盐、葱段、生姜片、植物油各适量。

◎做 法

①鲫鱼去内脏、鳃，洗净，控干水分。

②冬瓜去皮洗净，切成薄片。

③起油锅，烧热后先下葱段、生姜片，待
爆出香味时放入鲫鱼煎黄后，加黄酒，煎
至酒香溢出时加适量冷水，烧沸。

④将鱼汤盛入砂锅内，加冬瓜片，小火
慢煨约1小时，见鱼汤发白，肉熟瓜烂，
加盐调味即可。

【功效详解】

● 冬瓜中的膳食纤维含量很高，每
100克中含膳食纤维约0.9克。现代
医学研究表明膳食纤维含量高的食
物对改善血糖水平效果好，人的血
糖指数与食物中食物纤维的含量成
负相关。此汤对于糖尿病有较好的
防治作用。

尿失禁

尿失禁，是由于膀胱括约肌损伤或神经功能障碍而丧失排尿自控能力，使尿液不自主地流出的疾病。尿失禁按照症状可分为充溢性尿失禁、无阻力性尿失禁、反射性尿失禁、急迫性尿失禁及压力性尿失禁五类。尿失禁的病因可分为下列几项：①先天性疾患，如尿道上裂。②创伤，如妇女生产时的创伤，骨盆骨折等。③手术，男性前列腺手术、尿道狭窄修补术等。④各种原因引起的神经源性膀胱。其中，前列腺病变是男性尿失禁最常见的原因。尿失禁可以发生在任何年龄及性别，尤其是女性及老年人居多。

【典型症状】

尿液不自主地流出，不受意识控制。

【家庭防治】

揉按中极、关元、足三里、三阴交等穴位，可提升盆底肌的张力，从而改善膀胱功能。

民间小偏方 [壹]

【用法用量】将新鲜猪膀胱洗净，不加盐煮熟，每天吃三次，每次吃15～30克。连续食用10天至半个月，此症便可明显好转。
【功效】以形补形，缩小便。

民间小偏方 [贰]

【用法用量】益智仁（打碎）25克，桑螵蛸15克，洗净，加水200毫升煎30分钟，取汁100毫升；二煎加水300毫升，取汁150毫升；将两次的药汁混合，每天服2次。
【功效】主治肾气虚弱、下元虚冷。

【推荐药材食材】

桑螵蛸

◎桑螵蛸乃"肝肾命门药也，功专收涩"，可治遗精白浊、尿失禁等。

龙骨

◎味涩而主收敛，对尿数、遗尿或尿失禁皆有较好的食疗效果。

牡蛎

◎牡蛎为固敛收涩之剂，能益精收涩、止小便。

汤膳食疗 猴头菇煲猪脊骨

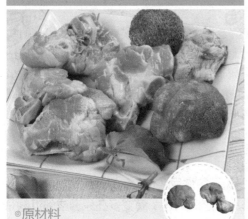

◎原材料

猴头菇100克、猪脊骨30克。

◎调味料

盐5克、味精2克、胡椒粉3克、料酒10毫升、生姜片5克。

◎做 法

①猪脊骨洗净，斩块；猴头菇洗净，切片。

②锅中注水烧开，放入猪脊骨焯烫，捞出沥干水分。

③将猴头菇、猪脊骨、生姜片、料酒放入汤煲中，加适量水煲1小时，调入调味料即可。

【功效详解】

● 尿失禁，以阴阳论之，为阳不能固其阴。猴头菇性平，味甘，有利五脏、助消化、滋补身体等功效。与猪脊骨合而为汤，可滋养五脏、镇惊止便。有湿热、实邪者忌服。

汤膳食疗 牡蛎瘦肉汤

◎原材料

牡蛎肉200克、猪瘦肉200克。

◎调味料

盐、姜片、绍酒各适量。

◎做 法

①将牡蛎肉洗净放入清水中煮开，放几片姜及绍酒。

②将洗净的猪肉切成小块，放入牡蛎汤中用小火煲3小时左右，调味后可以食用。

【功效详解】

● 牡蛎为固涩药、养阴药，通过不同配伍可治疗自汗盗汗、遗精滑精、尿频、遗尿、尿失禁等滑脱之症。牡蛎含有钙、锌等多种微量元素，对调整人体内环境的平衡有一定帮助。此汤对于夜卧不宁、尿频、尿失禁等有一定缓解作用。

尿痛

尿痛是指病人排尿时尿道或伴耻骨上区、会阴部位疼痛的疾病。病理性尿痛的病因很多，但主要是膀胱及尿道疾病。常见病因有：①膀胱尿道受刺激：最常见为炎症性刺激。非炎症性刺激，如结石、肿瘤、膀胱或尿道内异物、膀胱瘘和妊娠压迫等刺激。②膀胱容量减少：如膀胱占位性病变，或膀胱壁炎症浸润、硬化、挛缩所致膀胱容量减少。③膀胱神经功能调节失常：见于精神紧张和癔病，可伴有尿急，但无尿痛。

【 典型症状 】

①排尿开始时尿痛明显，病变多在尿道，常见于急性尿道炎。②排尿终末时疼痛，病变多在膀胱，常见于急性膀胱炎。③排尿末疼痛明显，病变多在尿道或邻近器官。④排尿突然中断伴疼痛或尿潴留，见于膀胱、尿道结石或尿路异物。⑤排尿不畅伴胀痛，多为前列腺增生。⑥排尿刺痛或烧灼痛，多见于急性炎症刺激。

【 家庭防治 】

在家时，如遇排尿疼痛，可通过大量饮水来缓解疼痛；如经常有尿痛的情况，则需要到医院查明原因。

民间小偏方 [壹]

【用法用量】鲜金钱草150克洗净，绞取浓汁服用，每日2次。
【功效】清热利尿，消肿解毒，适应于前列腺炎、急慢性肾盂肾炎、急慢性尿道炎等引起的小便短数、灼热刺痛。

民间小偏方 [贰]

【用法用量】石韦、萹蓄各6克，鱼腥草9克，山楂12克，药材洗净加水煎，去渣取汁，每日分2次服用。
【功效】清热通淋、利尿，可治因泌尿系感染、结石等引起的排尿困难、疼痛。

【 推荐药材食材 】

石韦

◎利尿通淋、清热止血，主治热淋、血淋、小便不通、淋漓涩痛等。

萹蓄

◎萹蓄苦降下行，通利膀胱，能杀虫、除湿、止痒，主要用于淋痛及湿疹。

猪腰

◎补肾益阳、利水，主治肾虚耳聋、遗精盗汗、腰痛、身面水肿。

汤膳食疗 油菜猪腰汤

◎原材料

猪腰2个、油菜50克。

◎调味料

盐6克、生姜片5克。

◎做 法

①猪腰剖成两半，剔去白筋，先在外面切斜纹花，再切成片；油菜洗净切段。

②将猪腰浸在清水中，洗去血水，放入沸水中余烫，捞出。

③锅中加适量水，放入生姜片以大火煮开，转小火煮10分钟。

④再转中火，待汤一开，放入腰花片、油菜，水开后加盐调味即可。

【功效详解】

● 猪腰性平，味咸，归肝、肾经。《别录》说它能"和理肾气，通利膀胱"。油菜性温，味辛，入肝、肺、脾经，能通郁结之气，利大小便。其茎、叶可以消肿解毒，治痈肿丹毒、尿痛、劳伤吐血。此汤对尿痛有较好的辅助治疗效果。

汤膳食疗 豆芽猪腰汤

◎原材料

猪腰300克、黄豆芽250克、党参60克。

◎调味料

盐、料酒、花生油各适量。

◎做 法

①猪腰洗净，剖开切去白脂膜，切片，用料酒、花生油、盐拌匀，腌10分钟。

②黄豆芽洗净，去根；党参洗净。

③把党参放入瓦煲内，加适量清水，武火煮沸后加黄豆芽，文火煲15分钟，再加入猪腰煲15分钟，加盐调味即可。

【功效详解】

● 猪肾可"补肾虚劳损诸病"。黄豆芽具有清热解毒作用。当泌尿系感染者出现小便赤热、尿频、尿痛等症状，用黄豆芽或绿豆芽都有一定的缓解作用。二者煮汤，一则清热解毒，一则补虚，对尿痛、尿数、尿急等症都有一定的疗效。

尿频

正常成人白天排尿4～6次，夜间0～2次，次数明显增多称尿频。尿频的原因较多，包括神经精神因素、病后体虚、寄生虫病等。病理性尿频常见有以下几种情况：①多尿性尿频：排尿次数增多而每次尿量不少，全日总尿量增多。见于糖尿病、尿崩症和急性肾功能衰竭的多尿期。②炎症性尿频：尿频而每次尿量少，多伴有尿急和尿痛，见于膀胱炎、尿道炎、前列腺炎和尿道旁腺炎等。③神经性尿频：尿频而每次尿量少，不伴尿急、尿痛，见于中枢及周围神经病变，如癔症。④膀胱容量减少性尿频：表现为持续性尿频，每次尿量少，见于膀胱占位性病变、妊娠子宫增大或卵巢囊肿等。⑤尿道口周围病变：尿道口息肉、处女膜伞和尿道旁腺囊肿等刺激尿道口引起尿频。中医认为小便频数主要是体质虚弱、肾气不固、膀胱约束无能、其化不宣所致。

【典型症状】

白天排尿次数多于6次或夜间排尿次数多于2次。

【家庭防治】

控制饮食结构，避免酸性物质摄入过量而加剧酸性体质；避免熬夜；远离烟酒。

民间小偏方 [壹]

【用法用量】党参、黄芪各20克，生大黄、车前草、茯苓、山药、泽泻、川黄连、白术各10克，生甘草8克，将上药洗净，以水煎，分2～3次口服，每日一剂，5剂为一疗程。

【功效】对于尿频有较好的疗效。

民间小偏方 [贰]

【用法用量】蒲公英、半枝莲各20克，茯苓、怀山药、木通、泽泻、五味子各12克，甘草10克，将上药洗净，用水煎3次后合并药液，分早晚2次口服。

【功效】利水泻火，可治炎症性尿频。

【推荐药材食材】

益智仁

◎秘精固气、缩尿、敛脾肾，可治肾虚遗尿、尿频、遗精、白浊。

芡实

◎味涩固肾，故能闭气，常吃芡实对尿频症有助益，尤适合老年人。

金樱子

◎生者酸涩，熟者甘涩，固精缩尿之效强，能涩精气，治尿频尿数。

汤膳食疗 益智仁炖牛肉汤

◎原材料

益智仁30克、牛肉500克。

◎调味料

生姜片、盐各适量。

◎做 法

①益智仁洗净。

②牛肉洗净，切块，入沸水中氽去血水，捞出洗净。

③将益智仁、牛肉、生姜片一起放入炖盅内，加适量开水，隔水炖3小时，加盐调味即可。

【功效详解】

●《本草经疏》记载："益智子仁，以其敛摄，故治遗精虚漏，及小便余沥，此皆肾气不固之证也。"《本草拾遗》说它能"治遗精虚漏，小便余沥……利三焦，调诸气"，书中也有记载用益智仁治疗夜尿频多的方法。

汤膳食疗 芡实鲫鱼汤

◎原材料

芡实15克、山药15克、鲫鱼1条（约250克）。

◎调味料

盐5克、油适量。

◎做 法

①鲫鱼去鳞、鳃及内脏，洗净，放少许食盐稍腌片刻。

②锅加热放油，将鱼煎至两面呈金黄色，再与芡实、山药同入砂锅中。

③砂锅内加适量清水，武火煲开后改用文火煲1小时，加食盐调味即可。

【功效详解】

●芡实含有丰富的碳水化合物，它不但能健脾益胃，还能补肾缩尿。《本草从新》说它能"补脾固肾，助气涩精。治梦遗滑精，解暑热酒毒，疗带浊泄泻，小便不禁"。常食此汤，对老年人尿频有较好的食疗功效。

慢性肾炎

慢性肾小球肾炎，简称慢性肾炎，是一种链球菌感染的变态反应性疾病。慢性肾炎发病少数为急性肾炎迁延不愈所致，绝大多数起病即为慢性。慢性肾炎临床主要表现有水肿、高血压、蛋白尿和血尿等症状，由于病理改变各种各样，症状表现不一样。严重者可能出现尿毒症。其以男性患者居多，病程持续1年以上，发病年龄大多在20～40岁。

【 典型症状 】

肺肾气虚：①面浮肢肿，面色萎黄。②少气无力。③易感冒。④腰脊酸痛等。
脾肾阳虚：①水肿明显，面色苍白。②畏寒肢冷。③脉沉细或沉迟无力等。
肝肾阴虚：①目睛干涩或视物模糊。②头晕、耳鸣。③五心烦热，口干咽燥等。
气阴两虚：①面色无华。②少气乏力或易感冒。③午后低热或手足心热等。

【 家庭防治 】

避免阴雨天外出、汗出当风、涉水冒雨、穿潮湿衣服；给予优质低蛋白、低磷、高维生素饮食。

民间小偏方 [壹]

【用法用量】猪苓、茯苓、白术、泽泻、桂枝、桑皮、陈皮、大腹皮各10～15克，小儿酌减，洗净以水煎服，每日1剂。
【功效】化气利水、健脾祛湿、理气消肿，对于急、慢性肾炎均有辅助疗效。

民间小偏方 [贰]

【用法用量】白花蛇舌草、白茅根、旱莲草、车前草各9～15克，将上药洗净以水煎，分2次口服，每日1剂。1周为1疗程。
【功效】清热解毒，利尿除湿，补益肝肾。

【 推荐药材食材 】

冬瓜仁

◎润肺、消痈、利水，可用于辅助治疗肾脏炎、小便不利、水肿。

败酱草

◎为常用的清热解毒药，其性微寒，味辛、苦，有清热解毒之功。

马蹄

◎对于高血压、慢性肾炎、尿路感染均有一定功效。

汤膳食疗 冬瓜排骨汤

◎原材料

排骨200克、冬瓜300克。

◎调味料

生姜、盐各适量。

◎做 法

①排骨洗净斩件，以滚水煮过，备用。

②冬瓜去子，洗净后切块状。

③生姜洗净，切片或拍松。

④排骨、生姜同时下锅，加清水，以大火烧开后转小火炖约1小时，加入冬瓜块，继续炖至冬瓜块变透明，调味即可。

【功效详解】

● 慢性肾炎，中医认为本病属水肿病范畴，应以健脾助阳为治疗原则。《山东中药》载冬瓜能"治肾脏炎"。《食经》说其能"利水道，去淡水"。冬瓜排骨汤，味甘而淡，能利尿消肿，对慢性肾炎低蛋白血症水肿有较好的食疗作用。

汤膳食疗 茅根马蹄瘦肉汤

◎原材料

白茅根100克、马蹄100克、胡萝卜150克、猪瘦肉200克。

◎调味料

食盐适量、生姜片5克。

◎做 法

①马蹄、胡萝卜洗净，去皮，切块。

②白茅根洗净，浸泡；猪瘦肉洗净，切片。

③将所有材料与生姜片一起放入砂锅内，加清水2000毫升，武火煲沸后改文火煲约2小时，调入适量食盐便可。

【功效详解】

● 茅根能除伏热、利小便。马蹄具有很好的医疗保健效果，其苗、秧、根、果实均可入药。用新鲜马蹄配茅根榨汁同饮，是清热、生津止渴的理想饮料。两者煮汤也可以收到同样的效果。民间常用此汤辅助治疗急性肾炎、慢性肾炎、尿路感染等。

黄疸

黄疸又称黄胆，俗称黄病，是一种由于血清中胆红素升高致使皮肤、黏膜和巩膜发黄的症状和体征。某些肝脏病、胆囊病和血液病经常会引发黄疸。当血清胆红素浓度为17.1～34.2微摩尔/升(1～2毫克/分升)时，而肉眼看不出黄疸者称隐性黄疸。如血清胆红素浓度高于34.2微摩尔/升(2毫克/分升)时则为显性黄疸。

黄疸症可根据血红素代谢过程分为三类：①肝前性黄疸/溶血性黄疸。②肝源性黄疸。③肝后性黄疸。此外，还有肝细胞有某些先天性缺陷，不能完成胆红素的正常代谢而发生的先天性非溶血性黄疸。

【 典型症状 】

巩膜、黏膜、皮肤及其他组织被染成黄色。因巩膜含有较多的弹性硬蛋白，与胆红素有较强的亲和力，故黄疸患者巩膜黄染常先于黏膜、皮肤黄染而首先被察觉。

【 家庭防治 】

揉按章门、太冲、脾腧、肝腧、劳宫、脊中等穴。若伴有嗜卧、四肢倦怠者，可灸手三里。

民间小偏方 [壹]

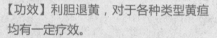

【用法用量】鸡骨草60克，红枣8枚，洗净以水煎代茶饮。

【功效】清热利湿退黄，适用于阳黄（皮肤色泽鲜黄如橘色）、急黄（卒然面目全身发黄、高热烦渴）。

民间小偏方 [贰]

【用法用量】茵陈蒿1把，生姜1块，洗净捣烂，擦于胸前、四肢。

【功效】利胆退黄，对于各种类型黄疸均有一定疗效。

【 推荐药材食材 】

茵陈

◎清湿热、退黄疸，用于治疗黄疸尿少、湿疮瘙痒、传染性黄疸型肝炎。

溪黄草

◎清热利湿、退黄祛湿，用于治疗急性黄疸型肝炎、黄疸、痢疾等。

黄花菜

◎具有利湿热、宽胸的功效，用于黄疸、小便赤涩的辅助治疗。

汤膳食疗 茵陈甘草蛤蜊汤

◎原材料

茵陈2.5克、甘草5克、红枣7颗、蛤蜊300克。

◎调味料

盐适量。

◎做 法

①蛤蜊冲净，以淡盐水浸泡，使其吐尽沙子。

②将茵陈、甘草、红枣以1200毫升水熬成高汤，熬到约剩1000毫升时去渣留汁。

③将蛤蜊加入汤汁中煮至开口，酌加盐调味即成。

【功效详解】

● 茵陈退黄疸之效甚佳，故除用于湿热黄疸之外，对于因受寒湿或素体阳虚发生的阴黄病症，也可应用。在不少的利胆退黄的方剂中，都要用到茵陈这味要药。此汤适用于湿热黄疸症见面目、周身黄如橘色，小便黄赤短涩，大便不畅。

汤膳食疗 芦笋黄花汤

◎原材料

黄花菜50克、芦笋200克、高汤适量。

◎调味料

葱花30克、生姜片2克、鸡油35克、精盐少许。

◎做 法

①黄花菜去蒂，洗净，泡软；芦笋去外壳，切成大薄片，投入沸水锅中，焯水后捞起，沥干水。

②净锅内放鸡油烧热，下生姜片、精盐炒香，加高汤、芦笋片，煮3分钟，下黄花菜烧沸，起锅入盆，撒入葱花即成。

【功效详解】

● 黄花菜，性凉，味甘，能清热利尿、凉血止血，用于腮腺炎、黄疸、膀胱炎、尿血、小便不利、乳汁缺乏、月经不调、衄血、便血。《本草纲目》载其有"消食，利湿热"的功效。民间常用此汤防治黄疸，有一定的食疗疗效。

脂肪肝

脂肪肝，是指由于各种原因引起的肝细胞内脂肪堆积过多的病变，是公认的隐蔽性肝硬化的常见原因。脂肪肝其临床表现轻者无症状，重者病情凶猛。一般而言脂肪肝属可逆性疾病，早期诊断并及时治疗常可恢复正常。脂肪肝多发于以下几种人：肥胖者、过量饮酒者、高脂饮食者、少动者、慢性肝病患者及中老年内分泌患者。肥胖、过量饮酒、糖尿病是脂肪肝的三大主要病因。

【 典型症状 】

脂肪肝的临床表现多样，病人多无自觉症状。轻度脂肪肝患者有的仅有疲乏感，中重度脂肪肝患者有类似慢性肝炎的表现，可有食欲不振、疲倦乏力、腹胀、嗳气、恶心、呕吐、体重减轻、肝区或右上腹胀满隐痛等感觉。

【 家庭防治 】

适量进行以锻炼全身体力和耐力为目标的全身性低强度的动态运动，即有氧运动，如慢跑、中快速步行（115～125步/分钟）、骑自行车、上下楼梯、打羽毛球、广播体操等。

民间小偏方 [壹]

【用法用量】丹参100克，陈皮30克，洗净加水煎，去渣取浓汁加蜂蜜80克收膏。每次食用20克，每日2次。

【功效】活血化瘀、行气祛痰，适用于气滞血瘀型脂肪肝。

民间小偏方 [贰]

【用法用量】佛手、香橼各6克，洗净加水煎，去渣取汁加白糖调匀，每日分2次服用。

【功效】疏肝解郁、理气化痰，适用于肝郁气滞型脂肪肝。

【 推荐药材食材 】

何首乌

◎有降血脂及抗动脉硬化的功效，对脂肪肝有一定防治效果。

佛手

◎疏肝理气、和胃止痛，用于肝胃气滞、胸胁胀痛、胃脘痞满的治疗。

菠菜

◎止渴润肠、滋阴平肝，对于高血压、脂肪肝、糖尿病等有辅助疗效。

汤膳食疗 菠菜银耳汤

◎原材料

菠菜150克、泡发银耳20克。

◎调味料

香葱15克，味精、盐、香油各适量。

◎做 法

①将菠菜洗净，切段，用开水汆一下；银耳浸泡至发软，摘成小朵；香葱去根须洗净，切成细末。

②锅内放入银耳，倒入适量清水，用大火煮沸后再加菠菜煮沸，加入盐、味精、香葱末，淋上香油即成。

【功效详解】

● 甲硫氨基酸含量丰富的食物，可促进体内磷脂合成，协助肝细胞内脂肪的转变。菠菜性凉，味甘，入肝、胃、大肠、小肠经，能养血止血、平肝润燥。《本草求真》说它"能解热毒、酒毒"。此汤对于酒精性脂肪肝很有益处。

汤膳食疗 胡萝卜佛手瓜煲马蹄

◎原材料

胡萝卜150克、马蹄200克、佛手瓜150克。

◎调味料

盐少许。

◎做 法

①胡萝卜去皮，洗净后切成段；马蹄去皮，洗净。

②佛手瓜去皮，洗净后切成块。

③将所有材料放入瓦煲内，加适量清水煲2小时，加盐调味即可。

【功效详解】

● 佛手性温，味辛、苦，入肝、胃、脾、肺经。《本草再新》说其能"治气舒肝"。胡萝卜有益肝之功，马蹄有清热祛痰、益气生津之效。此汤能疏肝理气、清热散结，适合于脂肪肝之肝胃不和、肝气郁结、痰瘀阻络型患者食用。

慢性病毒性肝炎

　　慢性病毒性肝炎是慢性肝炎中最常见的一种，主要由乙型肝炎病毒和丙型肝炎病毒感染所致。导致慢性肝炎的原因主要是：营养不良、治疗不当、同时患有其他传染病、饮酒、服用对肝有损害的药物等。慢性病毒性肝炎患者抽血化验，可发现有肝炎病毒以及肝功能异常。慢性病毒性肝炎如不及时治疗，有可能会发展为肝硬化甚至肝癌。

　　根据炎症、坏死、纤维化程度，可将慢性病毒性肝炎分为轻、中、重三型。

【典型症状】

主要症状有乏力、肝区疼痛、毛发脱落、齿龈出血、腹胀、蜘蛛痣、下肢水肿等。

【家庭防治】

有机硒可使肝炎的发病率降低，所以适量进食含硒的食物（如蘑菇、蛋类等）有助于防治本病。

民间小偏方 [壹]

【用法用量】白芍35克，栀子、川贝、丹皮各15克，没药、枳壳、金银花、甘草、蒲公英、青皮各10克，当归25克，茯苓20克，上药洗净后入砂锅煎煮好，滤去药渣，取汁加白砂糖拌匀可饮，每次饮100毫升，每日3次。
【功效】有助于促进肝细胞的修复。

民间小偏方 [贰]

【用法用量】田七15克，用清水润透，切片后放入锅内，加入150毫升清水，用中火煮25分钟后关火，加入白砂糖搅拌均匀即可，每日1次。
【功效】活血化瘀，消肿止痛，有助于改善肝脏的血液循环，清除氧自由基。

【推荐药材食材】

虎杖

◎虎杖提取物白藜芦醇有护肝的作用，其煎液对病毒性肝炎有一定作用。

芦荟

◎泻下、清肝、杀虫，其提取物对肝脏有较好的保护作用。

甘草

◎生用入药者，偏于清热解毒，单味煎剂对传染性肝炎有辅助疗效。

汤膳食疗 甘草红枣炖麻雀

◎原材料

麻雀2只、甘草10克、猪瘦肉30克、红枣5颗。

◎调味料

盐4克、味精2克、生姜片3克。

◎做 法

①甘草、红枣入清水中浸透，洗净。

②猪瘦肉洗净，切成小方块；麻雀宰杀，洗净，与瘦肉一起入沸水中氽去血沫后捞出。

③将所有材料与生姜片装入炖盅内，加适量水，入锅炖40分钟，调入盐、味精即可。

【 功效详解 】

● 甘草中的甘草甜素及钙盐有较强的解毒作用。《药品化义》有言："甘草，生用凉而泻火，主散表邪，消痈肿，利咽痛，解百药毒。"此汤能扶正祛邪，有护肝、补肝的作用，为肝病的辅助治疗汤水。

汤膳食疗 芦荟蔬菜汤

◎原材料

芦荟2片、大头菜50克、竹笋50克、红甜椒1个、黄瓜250克、鲜香菇3个。

◎调味料

盐适量。

◎做 法

①芦荟洗净，切段；大头菜、竹笋均洗净去皮，切块；红甜椒去蒂及子；黄瓜洗净，切块；鲜香菇洗净，切片备用。

②大头菜、竹笋、鲜香菇放入锅中，加水煮开，转小火煮熟，再加红甜椒略煮，加入黄瓜、芦荟及盐煮沸即可。

【 功效详解 】

● 芦荟，性寒，味苦，入肝、大肠经。《本草再新》说其"治肝火，镇肝风，清心热，解心烦，止渴生津，聪耳明目，消牙肿，解火毒"。此汤有泻火平肝之效，适用于慢性病毒性肝炎症属实热者的辅助治疗。

胃溃疡

胃溃疡，是位于贲门至幽门之间的慢性溃疡，为消化系统常见疾病，是消化性溃疡的一种。消化性溃疡指胃肠黏膜被胃消化液自身消化而造成的超过黏膜肌层的组织损伤，可发生于消化道的任何部位，其中以胃及十二指肠最为常见，即胃溃疡和十二指肠溃疡，其病因、临床症状及治疗方法基本相似，明确诊断主要靠胃镜检查。胃溃疡是消化性溃疡中最常见的一种，主要是指胃黏膜被胃消化液自身消化而造成的超过黏膜肌层的组织损伤。胃溃疡是一种多因素疾病，病因复杂，迄今不完全清楚，为综合因素——遗传因素、化学因素、生活因素、精神因素、感染因素等所致。

【典型症状】

最典型的表现为餐后痛（灼烧样痛），常伴恶心、呕吐、反酸、呕吐等，严重时可有黑便与呕血。

【家庭防治】

注意休息，避免过度焦虑与劳累；尤其要注意饮食规律。

民间小偏方 [壹]

【用法用量】鸡蛋壳2份，乌贼骨1份，洗净，微火烘干研细，过细粉筛，装瓶备用。每次服1匙，每日服2次，以温开水送服。

【功效】收敛止血，对溃疡病有制酸、止血、止痛等作用。

民间小偏方 [贰]

【用法用量】鲜土豆500克，洗净后捣烂，滤出土豆汁。将土豆汁放在锅中以大火烧开，然后用文火熬至黏稠如蜜状，置于土罐中，放凉后装入瓶中备食。每次1汤匙，1日2次，空腹服用。

【功效】暖胃，保护胃黏膜。

【推荐药材食材】

海螵蛸

◎能收敛止血、涩精止带、制酸、敛疮，用于治疗胃痛吞酸、溃疡病等。

白及

◎收敛止血、消肿生肌，用于治疗咯血吐血、外伤出血、溃疡病出血等。

木瓜

◎平肝舒筋、和胃化湿，用于湿痹拘挛、消化性溃疡等的辅助治疗。

汤膳食疗 木瓜鱼尾汤

◎原材料

木瓜500克、草鱼尾200克、猪瘦肉100克。

◎调味料

盐5克，油适量。

◎做 法

①木瓜洗净，削皮，切块；瘦肉洗净，切块备用。

②草鱼尾洗净，去鳞，入油锅中煎至两面呈金黄色。

③将所有材料放入瓦煲内，加3000毫升清水，武火煮沸后改用文火煲2.5小时，加盐调味即可。

【 功效详解 】

● 木瓜中含有的酵素，不仅能帮助分解肉类蛋白质，对防治胃溃疡、肠胃炎、消化不良等也有很好的食疗功效。木瓜果肉中的木瓜碱，具有缓解痉挛、疼痛的作用，可以缓解因胃溃疡引起的疼痛。此汤对胃溃疡有较好的防治作用。

汤膳食疗 木瓜猪骨花生汤

◎原材料

木瓜100克、红皮花生仁100克、猪骨250克、红枣4颗、凤爪100克。

◎调味料

生姜片8克、盐适量。

◎做 法

①凤爪洗净，去趾甲；猪骨洗净斩件，氽水；花生洗净，过水去皮；红枣去核，洗净；木瓜去皮，洗净，切块。

②瓦煲内加适量水，烧开后加入凤爪、猪骨、红枣、花生、木瓜，大火煮10分钟，改小火煮3小时，加盐调味。

【 功效详解 】

● 猪骨性温，味甘、咸，入脾、胃经，有补脾气、润肠胃、生津液的功效。花生中的维生素K有止血作用。花生红衣的止血作用比花生更高出50倍，对多种出血性疾病都有良好的止血功效。此汤对胃溃疡、十二指肠溃疡出血有一定食疗作用。

胃痛

胃痛是临床上常见的一个症状，多见急慢性胃炎、胃及十二指肠溃疡病、胃神经官能症，也见于胃黏膜脱垂、胃下垂、胰腺炎、胆囊炎及胆石症等病。凡由于脾胃受损、气血不调所引起胃脘部疼痛的病症，都可叫胃痛，又称胃脘痛。其病因有三，或由肝气犯胃，或由脾胃虚弱，或由饮食不节而引起。胃在人体的胸骨剑突的下方，肚脐的上部，略偏左。如果将肚子划分为四个区域来看，左侧偏中上的部分这一区域的疼痛，最有可能是胃痛。不过，也有可能是食道、十二指肠、胆、肝等疾病引起，所以还需要以疼痛的时间、伴随症状等作为判断准则。

【 典型症状 】

实证：上腹胃脘部暴痛，痛势较剧，痛处拒按，饥时痛减，食后痛增。
虚证：上腹胃脘部疼痛隐隐，痛处喜按，空腹痛甚，食后痛减。兼见呕吐清水。

【 家庭防治 】

按摩两脚大脚趾下的第一骨节部位处的凹陷位置，左右脚的按摩方向稍微有些差别，左脚应从外往内按摩，右脚则从内往外按摩。

民间小偏方 [壹]

【用法用量】取30克郁金，洗净研为细末，放入瓶中密封。用时取药末6克，以冷开水调成糊状，涂于患者肚脐，以纱布覆盖后固定。每天换药1次。
【功效】适用于肝气犯胃型胃痛、胃脘胀闷等。

民间小偏方 [贰]

【用法用量】茶叶50克，生姜20克，洗净以水煎服。每日2次，2天一疗程。
【功效】温中散寒、理气止痛，用于胃脘隐隐作痛、喜按之胃寒痛患者。

【 推荐药材食材 】

鸡骨草

◎清热解毒、舒肝止痛，用于治疗胃脘胀痛、肝炎、乳腺炎。

生姜

◎温中散寒、通汗止呕，治风寒感冒、胃寒、胃痛、呕吐、吞酸。

小米

◎有健脾和胃、补益虚损、除热、解毒之食疗功效，能缓解胃痛。

汤膳食疗 葱姜紫菜汤

◎原材料

紫菜20克、葱花少许、姜丝少许。

◎调味料

盐、味精各适量，香油2.5毫升。

◎做 法

①将水放入锅中，开大火待水沸。

②将紫菜放入，烧开后转小火，加入姜丝，并以适量调味料调味。

③再撒入葱花后即可关火，最后淋上香油即可。

【功效详解】

● 葱花散寒通阳，可辅助治疗因腹部受寒引起的腹痛、腹泻。生姜，归肺、脾、胃经，《珍珠囊》说它能"益脾胃，散风寒"。生姜能解热抗炎、镇静镇痛，但其过于辛辣，最好跟其他食材、药材合用。此汤对胃寒疼痛有较好的缓解作用。

汤膳食疗 鸡骨草煲肉

◎原材料

鸡骨草15克、蜜枣6颗、陈皮3片、猪瘦肉300克。

◎调味料

盐适量。

◎做 法

①将鸡骨草洗净，浸泡片刻；猪瘦肉洗净，切块；蜜枣洗净；陈皮浸泡，刮去白瓤，洗净。

②烧开水，放入猪瘦肉飞水，再捞出洗净。

③将鸡骨草、蜜枣、陈皮、猪瘦肉及生姜片放入煲内，加入适量开水，大火烧开后，改用小火煲5小时，用盐调味即可。

【功效详解】

● 鸡骨草有清热利湿、散瘀止痛的作用。《常用中草药手册》说它"治急慢性肝炎、肝硬化腹水、胃痛、小便刺痛、蛇咬伤"。蜜枣有补益脾胃、滋养阴血之效，而陈皮有理气健脾之功。将三者合而煲肉，能健脾胃、止痛，适合胃痛实证。

打鼾

打鼾（医学术语为鼾症、打呼噜、睡眠呼吸暂停综合征）是入睡后上颚松弛、舌头后缩，使呼吸道狭窄，气流冲击松软组织产生振动，通过鼻腔口腔共鸣发出的声音。有些人认为这是司空见惯的现象而不重视。其实打鼾是健康的大敌，由于打鼾使睡眠呼吸反复暂停，造成大脑、血液严重缺氧，形成低氧血症，从而易诱发高血压、脑心病、心率失常、心肌梗死、心绞痛。夜间呼吸暂停时间超过120秒容易在凌晨发生猝死。

【 典型症状 】

先是劳累或酒后睡觉时偶尔打鼾，侧卧位即减轻；逐渐发展到几乎每夜睡觉时都是鼾声如雷，受体位变化的影响不大；若是鼾声出现高低不均，伴有间歇，表明已经出现睡眠呼吸暂停。

【 家庭防治 】

睡觉时选择侧卧；避免吸烟、饮酒；睡前活动以柔缓为主，不要让情绪太过激昂。

民间小偏方 [壹]

【用法用量】花椒5~10粒洗净，睡前用开水泡一杯水，挑去花椒，待水凉后服下，连服5日。
【功效】刺激呼吸道开放，对于阻塞性原因引起的打鼾有显著疗效。

民间小偏方 [贰]

【用法用量】将250毫升左右的食醋倒入铝锅内，取新鲜鸡蛋1~2个打入醋里，加水煮熟，吃蛋饮汤，1次服完。
【功效】对于各种原因引起的打鼾均有一定的疗效。

【 推荐药材食材 】

橄榄

◎宣肺利咽，对于治疗打鼾等上呼吸道疾病有一定疗效。

龙胆草

◎专泻肝胆之火，可治因肝胆郁热引起的打鼾、梦呓等症。

乌梅

◎质润敛涩，药食同源，能收肺气，还有生津去火之功效。

汤膳食疗 乌梅黑豆兔肉汤

◎原材料

兔肉200克、乌梅4颗、黑豆30克。

◎调味料

生姜2片、盐适量。

◎做 法

①兔肉洗净，斩件；乌梅洗净；黑豆洗净，浸1小时，拣去烂豆。

②把全部材料和姜片放入锅内，加沸水适量，武火煮沸后转文火煲2小时，加盐调味供用。

【功效详解】

● 《本草求真》说："乌梅，酸涩而温，似有类于木瓜，但此入肺则收，入肠则涩，入筋与骨则软……故于久泻久痢，气逆烦满，反胃骨蒸，无不因其收涩之性，而使下脱上逆皆治。"此汤对于打鼾有一定缓解作用。

汤膳食疗 乌梅鸡爪白菜汤

◎原材料

鸡爪4只、猪肉250克、乌梅4颗、山药20克、白菜300克。

◎调味料

姜1片，盐、花生油各适量。

◎做 法

①先用鸡爪、猪肉、乌梅、山药煲成高汤，去渣留汤备用。

②白菜洗净，撕成小块；花生油入锅烧热，加姜片炝锅，倒入白菜快速炒至断生，盛出备用。

③倒适量冷却的高汤入锅，烧开，加入炒好的白菜煮沸，加盐调味即可。

【功效详解】

● 乌梅有收敛生津之用，可治久咳、虚热烦渴、打鼾等。《本草纲目》说："乌梅、白梅所主诸病，皆取其酸收之义。"它可通过其酸涩之性，以收敛肺气，肺气收敛则鼾症自除。此汤对于腹泻、鼾症、便血、呕吐有一定防治作用。

慢性支气管炎

　　慢性支气管炎是气管、支气管黏膜及其周围组织的慢性非特异性炎症。临床上以咳嗽咳痰、或伴有气喘等反复发作为主要症状，每年持续3个月，连续2年以上。早期症状轻微，多于冬季发作，春夏缓解。晚期因炎症加重症状可常年存在。其病理学特点为支气管腺体增生和黏膜分泌增多。病情呈缓慢进行性进展，常并发阻塞性肺气肿，严重者常发生肺动脉高压，甚至肺源性心脏病。

　　当机体抵抗力减弱时，气道在不同程度敏感性（易感性）的基础上，有一种或多种外因的存在，长期反复作用，可发展成为慢性支气管炎。如长期吸烟损害呼吸道黏膜，加上微生物的反复感染，可发生慢性支气管炎。本病流行与吸烟、地区和环境卫生等有密切关系。

【典型症状】

晨间咳嗽，咳白色黏液或浆液泡沫性痰，偶可带血，喘息或气急。

【家庭防治】

戒烟，注意保暖，加强锻炼，预防感冒。

民间小偏方 [壹]

【用法用量】百合9克，梨1个，洗净，加白糖9克，混合蒸1小时，冷后顿服。

【功效】清热润肺，对于慢性支气管炎的系列伴随症状有较好的缓解作用。

民间小偏方 [贰]

【用法用量】冬虫夏草适量洗净，水煎代茶饮。

【功效】补肺益肾，止血化痰，连续服用1个月大部分患者的症状均有一定程度的改善。

【推荐药材食材】

矮地茶

◎化痰止咳、利湿，用于治疗咳嗽、慢性支气管炎、湿热黄疸。

百部

◎治肺热、上气、咳嗽，主清润益肺，用于治疗百日咳、支气管炎、皮炎。

雪梨

◎具有辅助治风热的功效，并有润肺、凉心、消痰、降火、解毒之功。

汤膳食疗 香梨煲老鸭

◎原材料

老鸭300克、香梨1个、银耳20克。

◎调味料

盐5克、味精3克、鸡精2克、生姜10克。

◎做　法

①鸭斩段洗净；香梨去皮切块；银耳泡发后撕小朵；生姜去皮切片。

②锅中加水烧沸后，下入鸭块稍焯去血水，捞出。

③将鸭块、香梨块、银耳、姜片一同装入碗内，加入适量清水，煲40分钟后调入调味料即可。

【 功效详解 】

●《本草经疏》记载："梨，能润肺消痰，降火除热……"慢性支气管炎患者经常食用梨子，其咳嗽症状可暂愈或减轻。老鸭有清热养阴之效，与梨合而为汤，滋阴润肺之力愈强，适用于慢性支气管炎症见干咳无痰或少痰、咽干口燥等。

汤膳食疗 香梨煲鸭肾

◎原材料

银耳35克、香梨1个、鸭肾30克、枸杞5克。

◎调味料

姜片、清汤、盐、白糖、胡椒粉各适量。

◎做　法

①银耳撕成小朵；香梨去子、去皮后切成厚片；鸭肾洗净切片；枸杞泡透；锅内加水，待水开时，下入鸭肾片，用小火煮透，倒出待用。

②瓦煲内加入各种材料和胡椒粉，注入清汤，大火煲50分钟，调入盐、白糖再煲15分钟。

【 功效详解 】

●《日华子本草》说梨能"消风，疗咳嗽、气喘热狂"。梨无论是生吃还是炖汤，对慢性支气管炎皆有较好的食疗功效，它不仅能止咳化痰，而且还能补充维生素与矿物质。此汤适用于老年慢性支气管炎肺阴不足型之干咳少痰症。

肺结核

肺结核是由结核杆菌引起的肺部复杂慢性肉芽肿性传染病。排菌的肺结核患者是主要传染源。人体感染结核菌后不一定发病，仅于抵抗力低落时始发病。除少数可急起发病外，临床上多呈慢性过程，常有低热、乏力等全身症状和咳嗽、咯血等呼吸系统表现。结核杆菌主要通过呼吸道传播，传染源主要是排菌的肺结核病人（尤其是痰涂片阳性、未经治疗者）的痰。

【典型症状】

常见的症状包括：咳嗽、咳痰、发热（多为午后低热）、咯血（自少量至大量咯血）、胸痛、乏力、食欲不振、盗汗，病程长的可有消瘦，病变广泛而严重的可有呼吸困难，女性患者可有月经不调。

【家庭防治】

发现有低热、盗汗、干咳或咳嗽时痰中带血、乏力、饮食减少等症状要及时到医院检查。确诊结核病以后，要立即在医生指导下进行治疗，同时还要注意增加营养，以增强体质。

民间小偏方[壹]

【用法用量】干木瓜、刺五加各10克，臭参6克，草果5克，上述药加炮姜、小枣适量为引，洗净以水煎服，每日1剂，分3次服完，30天为1个疗程。

【功效】温中散寒、健脾补肺，用于结核病的辅助治疗。

民间小偏方[贰]

【用法用量】麦门冬12克，野韭菜9克，药用干品，洗净以水煎服，每日1剂，日服3次。

【功效】用于肺结核的阴虚体质患者，有辅助的治疗作用。

【推荐药材食材】

麦冬

◎清心润肺，主治心气不足、惊悸怔忡、肺热肺燥。

百部

◎润肺、下气、止咳、杀虫，用于治疗新久咳嗽、肺痨咳嗽、百日咳。

甲鱼

◎滋阴补肾、清退虚热，可防治身虚体弱、肝脾肿大、肺结核等症。

汤膳食疗 黄花炖甲鱼

◎原材料

甲鱼1只、猪瘦肉200克、
黄花菜（干品）30克、海带（干品）15克。

◎调味料

食盐适量。

◎做 法

①黄花菜、海带泡开洗净。

②猪瘦肉洗净，切成件。

③甲鱼用热水烫死，去内脏，洗净
斩件。

④把全部材料放入炖盅内，加开水适
量，炖3小时，用食盐调味即可食用。

【功效详解】

● 肺结核，其相当于中医之肺痨。
甲鱼炖汤适用于阴虚及肺痨出现潮
热、手足心热等阴虚症。再者，肺
痨病人饮食宜供给充足热量和优质
蛋白质，补钙促进钙化。此汤能满
足以上所有的营养，对于肺痨病人
身体的康复有很好的促进作用。

汤膳食疗 枸杞甲鱼汤

◎原材料

甲鱼1只、山药50克、枸
杞5克、红枣10颗。

◎调味料

生姜片5克、盐适量。

◎做 法

①甲鱼宰洗干净，切块，入沸水中汆去
血水，捞出沥干水分。

②其他原材料洗净，和甲鱼、生姜片一
起放入炖锅内，加适量水，以小火慢炖
3小时，加盐调味即可。

【功效详解】

● 《随息居饮食谱》说："鳖（肉）
甘平，滋肝肾之阴，清虚劳之热，宜
蒸煮食之。"《本经逢原》说："鳖
甲，凡骨蒸劳热自汗皆用之，为其能
滋肝经之火也。"枸杞甲鱼汤，有清
虚热、滋阴、补虚之功效，对于肺痨
有很好的食疗作用。

肺气肿

肺气肿是指终末细支气管远端的气道弹性减退、过度膨胀、充气和肺容积增大或同时伴有气道壁破坏的病理状态。按其发病原因肺气肿有如下几种类型：老年性肺气肿、代偿性肺气肿、间质性肺气肿、灶性肺气肿、旁间隔性肺气肿、阻塞性肺气肿。引起肺气肿的主要原因是慢性支气管炎。典型肺气肿者胸廓前后径增大，呈桶状胸，呼吸运动减弱，语音震颤减弱，叩诊过清音，心脏浊音界缩小，肝浊音界下移，呼吸音减低，有时可听到干、湿啰音，心率增快，心音低远，肺动脉第二心音亢进。

【典型症状】

患者早期可无症状或仅在劳动、运动时感到气短，逐渐难以胜任原来的工作。随着肺气肿进展，呼吸困难程度随之加重，以至稍一活动甚或完全休息时仍感气短。此外尚可感到乏力、体重下降、食欲减退、上腹胀满。

【家庭防治】

忌食辣椒、葱、蒜、酒等辛辣刺激性食物；避免食用产气食物，如红薯、韭菜等。

民间小偏方 [壹]

【用法用量】生石膏30克，杏仁泥10克，冬瓜仁20克，鲜竹叶10克，竹沥20克，将生石膏、杏仁泥、冬瓜仁、鲜竹叶共入砂锅煎汁，去渣，再分数次调入竹沥水，每日分2次饮用。

【功效】宣泄肺热，化痰降逆。

民间小偏方 [贰]

【用法用量】党参、茯苓各10克，白术、白芥子各12克，甘草、半夏各6克，陈皮12克，苏子、黄芪、莱菔子各9克，红枣10枚。诸药熬汤，红枣、陈皮后下，开锅后去陈皮、喝汤。

【功效】适用于脾虚所致肺气肿。

【推荐药材食材】

桑白皮

◎味甘、辛，甘以固元气之不足而补虚，辛以泻肺气之有余而止嗽。

葶苈子

◎泻肺降气、祛痰平喘、利水消肿，疗肺壅上气咳嗽，除胸中痰饮。

猪肺

◎具有补虚、止咳之功效，用于辅助治疗肺虚咳嗽、久咳咯血等症。

汤膳食疗 北杏猪肺汤

◎原材料

猪肺250克、北杏10克。

◎调味料

姜汁、盐各适量。

◎做 法

①猪肺切块，洗干净。

②猪肺和北杏放入锅中，加适量清水，用武火煲1个小时后改用文火煲1个小时，放入姜汁，用食盐调味即成。

【功效详解】

● 北杏能祛痰宁咳、润肠。北杏中起着关键药理作用的是一种叫氢氰酸的物质，它可以对呼吸神经中枢起到一定的镇静作用，具有止咳、平喘的功效。但每次食用量不宜超过10克。北杏与猪肺合而为汤，适用于肺虚所致的肺气肿。

汤膳食疗 双雪猪肺汤

◎原材料

雪梨250克、银耳30克、木瓜500克、猪肺750克。

◎调味料

盐5克、姜2片。

◎做 法

①雪梨去心、洗净，切块；银耳浸泡洗净，撕成小朵；木瓜去皮、核，洗净，切成块状。

②猪肺清洗干净，飞水；锅烧热，放姜片，将猪肺干爆5分钟左右。

③清水入瓦煲内，煮沸后加入以上用料，大火煲沸后改文火煲3小时，加盐调味即可。

【功效详解】

● 雪梨能清热生津，润燥化痰；银耳能滋补生津，润肺养胃；猪肺能补肺，止虚嗽。三者合而为汤，可共奏润肺生津之功。其中，猪肺富含优质蛋白质和铁元素，且无增痰上火之弊，对增强肺气肿病人体质有利，能提高抗病力，促进损伤组织的修复。

水肿

　　水肿是指血管外的组织间隙中有过多的体液积聚，为临床常见症状之一。它是全身气化功能障碍的一种表现，与肺、脾、肾、三焦各脏腑密切相关。依据症状表现不同而分为阳水、阴水两类，常见于肾炎、肺心病、肝硬化、营养障碍及内分泌失调等疾病。

　　中医认为，水肿是因感受外邪、饮食失调，或劳倦过度等，使肺失宣降，脾失健运，肾失开合，膀胱气化失常，导致体内水液潴留，泛滥肌肤，以头面、眼睑、四肢、腹背，甚至全身浮肿为临床特征的一类病症。

【 典型症状 】

头面部、四肢，甚至全身浮肿，用手指按压浮肿部位出现凹陷，抬手后几秒钟内不消失。

【 家庭防治 】

取水道、水分、三焦腧、膀胱腧、足三里、三阴交、气海等穴位，进行艾灸，每个穴位用艾条悬空灸5分钟，每日2次。

民间小偏方 [壹]

【用法用量】玉米须、白茅根各50克，洗净共煎汤，加适量白糖，分2次服用。

【功效】利水渗湿，适用于水肿阳水症。

民间小偏方 [贰]

【用法用量】鸡矢藤60克，薤白60克，太子参35克，赤小豆50克，白扁豆20克，洗净后加适量水，大火煮沸后以小火煮30分钟。每日1剂，分2次服用。

【功效】主治各类型水肿，一般服用数天后即可见明显效果。

【 推荐药材食材 】

茯苓

◎利窍去湿，主治膈中痰水、小便不利、水肿胀满、痰饮咳逆。

西瓜皮

◎化热除烦、去风利湿，能辅助治肾炎、水肿，并能解酒毒。

葫芦

◎利尿、消肿、散结，用于治疗水肿、腹水、颈淋巴结结核。

汤膳食疗 葫芦瘦肉汤

◎原材料

葫芦瓜1个、猪瘦肉500克、干贝20克。

◎调味料

姜2~3片、盐、花生油各适量。

◎做法

①葫芦瓜洗净，连皮切块状；干贝洗净，浸泡并撕为条状；猪瘦肉洗净，切块。

②把以上材料与生姜一起放入瓦煲内，加入清水2500毫升，武火煲沸后改用文火煲约5小时。最后调入适量食盐和花生油即可。

【功效详解】

● 葫芦性平，味甘，可治面目、四肢水肿，又可治牙病。用于面目浮肿、大腹水肿等症，常与猪苓、茯苓、泽泻等药同用。用于重症水肿及腹水，用量宜大，常在15克以上。此汤对于高血压、水肿等症有较好防治作用。

汤膳食疗 葫芦炖鸭胗

◎原材料

葫芦瓜600克、鸭胗100克。

◎调味料

生姜5克、盐适量。

◎做法

①葫芦瓜去皮，洗净，切块；生姜洗净，切片。

②鸭胗剖开，洗净后入开水中汆烫，取出切片。

③将全部材料放入瓦煲内，加适量清水，大火煮沸后改用中火煲2小时，加盐调味即可。

【功效详解】

● 葫芦，入肺、脾、肾经，可治水肿、腹胀、黄疸等。葫芦煎剂，内服有显著的利尿消肿作用。这是因为葫芦含葡萄糖、皮聚糖及葫芦素等，有利尿、致泻的功效。此汤对于阴水、阳水均有一定的食疗作用。

甲亢

甲亢，全称甲状腺功能亢进症，又称Graves病或毒性弥漫性甲状腺肿，是一种自身免疫性疾病。临床表现并不限于甲状腺，而是一种多系统的综合征，包括高代谢症群、弥漫性甲状腺肿、眼征、皮损和甲状腺肢端病。多数患者同时有高代谢症和甲状腺肿大。

引起甲亢的原因可分为原发性、继发性和高功能腺瘤三类。

【典型症状】

怕热、多汗、易激动、多食、易饿、消瘦、静息时心率过速、眼球突出、甲状腺肿大等。

【家庭防治】

可常吃花生、苏子等具有抑制甲状腺素合成的食物；禁用咖啡、茶和其他刺激性饮料；少吃纤维多的食物。

民间小偏方 [壹]

【用法用量】紫菜15克，淡菜60克，紫菜用清水洗净，淡菜用清水浸透，入瓦煲内加水同煨至熟。连汤同食。
【功效】补肝肾，益精血，消瘿瘤，用于甲亢初起时。

民间小偏方 [贰]

【用法用量】鲜山药1块，蓖麻子仁3粒，洗净后，捣烂和匀，敷贴于甲状腺肿大处，每日更换2次。
【功效】软坚散结，用治甲状腺肿大。

【推荐药材食材】

黄药子

◎解毒消肿、化痰散结，用于治疗甲状腺肿大、甲亢、淋巴结结核等。

鸭

◎滋五脏之阴，清虚劳之热，补血行水，养胃生津，止咳息惊。

牛奶

◎补虚损、益肺胃，适于久病体虚、气血不足、营养不良者。

汤膳食疗 荷叶水鸭汤

◎原材料

水鸭1只（约500克）、猪骨250克、荷叶6克、生地6克、山药12克、黄花菜12克。

◎调味料

生姜片6克、食盐适量。

◎做　法

①将所有中药材洗净，加1200～1800毫升清水煮1个小时，滤汤去渣。

②水鸭、猪骨洗净，斩件，分别放入沸水中氽去血水；黄花菜泡发洗净。

③把水鸭、猪骨、黄花菜、生姜片放入药汤中煮40分钟，加盐调味即可。

【功效详解】

● 甲亢后期多属虚，而虚中挟实。以虚内热症状为多见，如两颊潮红、心悸盗汗、五心烦热、形体消瘦等。而水鸭滋阴之力强，荷叶亦能清热滋阴，两者合而为汤，可辅助治疗瘿病证属阴虚者，民间常用此汤对甲亢进行食疗。

汤膳食疗 山药牛奶瘦肉汤

◎原材料

山药100克、牛奶200毫升、猪瘦肉500克。

◎调味料

盐5克、生姜片少许。

◎做　法

①猪瘦肉洗净，切成块，氽水。

②猪肉与生姜放入锅内，加适量水煮4小时，再加入洗净的山药，用文火熬煮至山药软熟。

③将牛奶、盐加入锅内烧沸即可。

【功效详解】

● 甲亢患者极容易引起维生素及矿物质的缺乏。所以甲亢患者应多食富含维生素及矿物质的食物，如奶制品、深色蔬菜等。而且，牛奶还是很好的钙的营养来源。此汤适合甲亢伴有骨质疏松、骨质脱钙患者及老年甲亢患者。

肥胖症

肥胖症是一组常见的、古老的代谢症群。当人体进食热量多于消耗热量时，多余热量会以脂肪形式储存于体内，其量超过正常生理需要量，达一定值时遂演变为肥胖症。正常男性成人脂肪组织重量占体重的15%~18%，女性占20%~25%。随着年龄增长，体脂所占比例相应增加。因体脂增加使体重超过标准体重20%的称为肥胖症。如无明显病因可寻者称单纯性肥胖症，具有明确病因者称为继发性肥胖症。（身高-100）×90%=标准体重（千克）。当体重超过标准体重的10%时，称为超重；超出标准体重的20%，称为轻度肥胖；超出标准体重的30%时，称为中度肥胖；当超过50%时称为重度肥胖。

【典型症状】

胖的人因体重增加，身体各器官的负重都增加，可引起腰痛、关节痛、消化不良、气喘；身体肥胖的人往往怕热、多汗、皮肤皱褶处易发生皮炎、擦伤。

【家庭防治】

需要限制油炸类、糖食糕点、啤酒等食物的摄入，使每日总热量低于消耗量，多进行体力劳动和体育锻炼。

民间小偏方 [壹]

【用法用量】枸杞30克，洗净以水煎代茶饮，早晚各饮1次。
【功效】平肝养目、润肺，对因肥胖引起的腰痛、乏力等症有很好的疗效，同时也有一定的瘦身作用。

民间小偏方 [贰]

【用法用量】鲜荷叶30克，洗净切碎，加水煎水代茶饮，连服60天为一疗程。
【功效】清热，祛痰湿，能辅助治疗肥胖症。

【推荐药材食材】

郁李仁

◎郁李仁体润滑降，具有缓泻之功，善导大肠燥秘，有清肠作用。

西红柿

◎具有清热止渴、排毒瘦身、养阴凉血的作用，归肝、胃、肺经。

薏米

◎能促进体内血液和水分的新陈代谢，有利尿、消肿、减肥的作用。

汤膳食疗 紫菜西红柿鸡蛋汤

◎原材料

西红柿200克、紫菜15
克、鸡蛋2个。

◎调味料

盐5克、花生油适量。

◎做　法

①西红柿洗净，去蒂，切成片状；紫菜
浸泡15分钟，洗净。

②鸡蛋去壳，搅成蛋液备用。

③将清水800毫升放入瓦煲内，煮沸后
加入花生油、西红柿、紫菜，煲滚10
分钟，倒入蛋液，略搅拌，加盐调味
即成。

【功效详解】

● 西红柿中的茄红素可以降低人体热
量的摄入，减少脂肪积聚。西红柿的
水分很高，有很强的饱腹作用。而且
这些水分又可以促进排泄，减少毒素
和脂肪的积聚。此汤有清热解毒、凉
血平肝的功效，为减肥瘦身、美容润
肺的常用食疗汤膳。

汤膳食疗 小白菜西红柿清汤

◎原材料

小白菜200克、西红柿100克。

◎调味料

盐少许、植物油5毫升。

◎做　法

①小白菜洗净，切成适当大小；西红柿
洗净，切成块。

②锅中加水1000毫升，开中火待水沸
后，将处理好的小白菜、西红柿放入，
续沸后再以盐、植物油调味即可。

【功效详解】

● 小白菜中含有大量粗纤维，可促进
大肠蠕动，增加大肠内毒素的排出，
通过排毒达到瘦身的目的。西红柿内
的苹果酸和柠檬酸等有机酸，有帮助
消化、调整胃肠功能的作用，并有消
脂的功效。此汤清润可口，有清热、
消暑、减肥的功效。

脑梗死

　　脑梗死，是指人体血液中某些异常的固体、液体或气体等各种栓子进入颅内动脉使血管腔急性闭塞，引起神经功能障碍的一种脑血管病。

　　栓子产生的原因主要可分为心源性和非心源性因素。心源性栓子常由各种心脏病所引起，如亚急性感染性心内膜炎、心肌梗死、心肌病、心脏黏液瘤等。非心源性栓子常见的是脂肪栓子和空气栓子，脂肪栓子是由骨折或长骨手术导致骨髓脂肪组织进入血液而形成，空气栓子则因各种原因致使极少空气进入血液所形成。

【典型症状】

发病突然，常见症状包括偏瘫或单瘫、癫痫发作、感觉障碍、颅内压增高、昏迷、神志不清、失语，可伴有风心病、冠心病和严重心律失常等症。

【家庭防治】

调整饮食结构，日常食物应多样化，使各种营养物质摄入均衡。坚持适量的运动，以维持良好的心脏功能，改善血液循环，增加脑部供血，减少心脑血管疾病的发生。

民间小偏方 [壹]

【用法用量】取黑木耳6克，用水泡发，加入菜肴或蒸食。

【功效】降血脂、抗血栓、抗血小板聚集。

民间小偏方 [贰]

【用法用量】取枸杞30克，羊肾1个，羊肉片、粳米各50克，葱末、五香粉适量。将各类食材洗净，入佐料先煮20分钟，下米熬成粥，做早餐食用。

【功效】益气、补虚、通脉，用于治脑梗死后遗症。

【推荐药材食材】

独活

◎苦辛而温，活动气血，祛散寒邪，用于治疗风寒湿痹、腰膝疼痛。

桂圆

◎补心脾，养肌肉，益气血，可治由于气血不畅所致脑络阻塞症。

羊肚

◎补虚益气、健脾和胃，适用于脑梗死体质虚弱者。

汤膳食疗 桂圆炖鸡

◎原材料

桂圆250克、仔鸡1只（约500克）。

◎调味料

生姜片、盐各适量。

◎做 法

①桂圆去壳、去核、洗净；生姜洗净。

②仔鸡宰杀去毛，腹部开口，去内脏及肠杂，入沸水中汆去血水，捞出洗净。

③将鸡放入炖盅内，放入桂圆肉、生姜片，加适量清水，大火烧沸后改用小火慢炖3小时，加盐调味即可。

【功效详解】

● 桂圆肉为无患子科植物桂圆的假种皮。其为补血药，可养血安神、补益心脾。现代研究表明，桂圆肉有保护血管、防止血管硬化的作用。此汤适合气血不足或气血不畅所致的脑梗死，亦适合脑梗死病后调养。

汤膳食疗 党参羊肚汤

◎原材料

羊肚1000克、党参30克、陈皮6克。

◎调味料

胡椒15克、生姜4片、盐适量。

◎做 法

①羊肚先用盐擦洗，再用清水冲洗干净，反复数次，至干净无黏液为止，并用沸水煮过，刮去黑膜。

②党参、陈皮、胡椒、生姜洗净，与羊肚一起放入锅内，加适量开水，武火煮沸后改文火煲3小时，加盐调味即可。

【功效详解】

● 党参含多种糖类、酚类、挥发油、黄芩素、葡萄糖苷、皂苷及微量生物碱，具有增强免疫力、扩张血管、降压、改善微循环、增强造血功能等作用。此汤对于脑梗死有较好的防治作用，对化疗、放疗引起的白细胞下降也有提升作用。

脑血栓

　　在颅内外动脉血管壁发生动脉粥样硬化和斑块形成的基础上，在血压降低、血流缓慢或血液黏稠度增高、血小板聚集性增强等条件下，血液凝血因子附着在动脉的内膜形成血栓，使血管闭塞，这就称为脑血栓。

　　脑动脉硬化是脑血栓产生的直接原因。器官老化、各种疾病、不良的生活饮食习惯均可导致脑动脉粥样硬化，而糖尿病、高血脂和高血压等疾病则会加速脑动脉粥样硬化的发展，最终引发脑血栓病症。

【典型症状】

发病前兆包括哈欠不断、突然眩晕、剧烈头痛、鼻出血、血压异常、嗜睡、耳鸣等，病发时症见感觉障碍、偏瘫、偏盲、失语、耳鸣耳聋、高热、昏迷等。

【家庭防治】

清晨起床后，取食盐0.5克左右加白开水250毫升，搅拌均匀后饮用。这样既能稀释血液，又能刺激胃肠蠕动，产生便意。

民间小偏方 [壹]

【用法用量】取芹菜根5棵，红枣10个，洗净水煎服，食枣饮汤。
【功效】可降低血胆固醇。

民间小偏方 [贰]

【用法用量】取枸杞、麦冬各15克，洗净煎水代茶饮。
【功效】益肾通络，适用于偏瘫、半身不遂、舌短不语等症。

【推荐药材食材】

天门冬

◎养阴清热、润肺滋肾，对于脑血栓有一定预防作用。

牡蛎

◎具有镇静、软坚、解热的作用，用于治疗头晕胀痛、目眩耳鸣、烦热面赤。

黑木耳

◎具有抗凝血、降压、抗癌的作用，可治气虚或血热所致脑血栓。

汤膳食疗 翠玉蔬菜汤

◎原材料

西瓜皮100克、丝瓜100克、黄豆芽30克、板蓝根8克、天门冬10克、薏米10克。

◎调味料

盐8克、嫩姜丝3克。

◎做 法

①取丝瓜白肉部分切片；西瓜皮去除白肉部分，取翠绿部分切丝；黄豆芽洗净。

②全部药材放入布袋，与适量水置锅中，加热至沸2分钟后，滤取药汁。

③将药汁和薏米放入锅中，加西瓜皮、丝瓜片、黄豆芽煮沸，倒调味料拌匀即可。

【功效详解】

● 天门冬，百合科植物，又名天冬。其性寒，味甘，微苦，具有养阴清热、活络滋肾的功效。此汤能益肾通络，适用于脑血栓症见舌短不语、足痿不行、偏瘫，或半身不遂、舌淡红、脉细弱。虚寒泄泻及外感风寒致嗽者，不宜食用。

汤膳食疗 木耳红枣汤

◎原材料

黑木耳60克、红枣50克。

◎调味料

白糖适量。

◎做 法

①黑木耳泡发洗净，撕成小朵；红枣洗净，去核。

②净锅里加适量水，放入黑木耳和红枣炖煮。

③煮熟后加入白糖即可饮用。

【功效详解】

● 黑木耳含有脂肪、蛋白质、多糖类及一些微量元素。它具有凉血、活血、降低血液黏度、抑制血小板聚集作用。而且黑木耳能提高血浆抗凝血酶Ⅲ活性，具有明显的抗凝血作用。此汤可作为脑血栓病人的常用食疗方。

三叉神经痛

三叉神经痛，也称为"脸痛"，指的是局限于三叉神经支配区域内反复发作的短暂的阵发性剧烈神经痛。三叉神经痛分为原发性三叉神经痛和继发性三叉神经痛。原发性三叉神经痛的病机尚不明确，其病变部位可能是在三叉神经半月节感觉根内。继发性三叉神经痛，多由颅内、外各种器质性疾病所引起。三叉神经痛属中医"面痛""头风"或"偏头疼"等范畴，主要是由劳累体虚，风寒、湿热外侵，或肝郁气滞血瘀、经络阻塞所致。

【典型症状】

三叉神经分布区域骤发、骤停，疼痛剧烈如闪电样、刀割样、烧灼样，伴有同侧眼或双眼流泪、流口水、面潮红、面肌抽搐、结膜充血。严重者身体虚弱，卧床不起。

【家庭防治】

注意头、面部保暖，避免局部受冻、受潮，不用太冷、太热的水洗面。患者宜选择质软、易嚼食物，避免咀嚼诱发疼痛。

民间小偏方 [壹]

【用法用量】取白芍、麦冬、元参、桑白皮各30克，白茅根、双花、生甘草、石斛各10克，桑叶、菊花、竹茹各4克，山豆根5克，洗净以水煎服。每日1剂。

【功效】清热降火，缓解疼痛。

民间小偏方 [贰]

【用法用量】取生石膏15～60克，细辛3克，洗净以水煎服。

【功效】适用于三叉神经痛风寒阻络证。

【推荐药材食材】

北沙参

◎养阴清肺、益胃生津，用于治疗肺热燥咳、劳嗽痰血、热病津伤口渴。

白芷

◎祛风散寒、通窍止痛，用于治疗头痛、偏头痛、牙痛、鼻渊、痈疽疮疡。

白芍

◎养血柔肝、缓中止痛，主治自汗、盗汗、偏头痛、眩晕。

汤膳食疗 沙参玉竹炖甲鱼

◎原材料

甲鱼1只（约250克），北沙参、玉竹各15克。

◎调味料

生姜2片、盐适量。

◎做 法

①用沸水烫甲鱼，让其排尽尿，宰杀后去内脏，洗净，斩件。

②北沙参、玉竹、生姜洗净。

③把全部材料放入炖盅内，加开水适量，炖盅加盖，隔开水用文火炖2~3小时，加盐调味即可。

【功效详解】

● 北沙参性微寒，味甘、微苦，是临床常用的滋阴药。其脂溶性成分中含有棕榈酰β–谷甾醇、羽扇豆烯酮和24–亚甲基–环阿尔廷醇。现代药理研究表明，北沙参提取物有较好的解热、镇痛的作用。此汤适用于阴虚胃热之三叉神经痛。

汤膳食疗 白芍排骨汤

◎原材料

白芍10克、蒺藜10克、山药300克、排骨250克、红枣10颗。

◎调味料

盐6克。

◎做 法

①白芍、蒺藜装入棉布袋里，系紧袋口；红枣用清水泡软，去核洗净；排骨斩块，洗净，汆烫后捞起。

②将排骨、红枣和中药袋放锅内，加水，大火煮开后转小火炖40分钟，加盐调味即可。

【功效详解】

● 芍药分为白芍药、赤芍药两种。白芍有抗菌止痛、调节免疫、消炎的作用。此汤对于急性黄疸型肝炎、慢性乙型肝炎、肝纤维化、肝硬化、坐骨神经痛、三叉神经痛、头痛、癫痫、冠心病、类风湿关节炎均有一定食疗作用。

骨关节炎

骨关节炎，指的是由关节的先天性异常、关节畸形、年龄增长和其他各种原因引起的关节软骨非炎症性退行性病变及关节边缘骨赘形成。生理老化、体重超重、炎症、创伤、营养不良及遗传因素等会引起关节软骨纤维化、皲裂、溃疡、脱失，继而导致骨关节炎。本病多发于老年人，病发部位多见于手指、脚趾、跟骨、膝、髋、颈椎等关节部位。骨关节炎属中医"痹症"范畴，主要是由肝肾渐亏、血不养筋、髓失所养或因劳损致气血不和、经脉凝滞、筋骨失养所致。

【 典型症状 】

关节疼痛且活动加剧，肿胀，活动受限，活动关节时有摩擦声或咔嚓声，病情发展严重者可有肌肉萎缩及关节畸形。

【 家庭防治 】

在手掌上滴适量的正骨水，涂抹于患处皮肤，然后揉搓按摩至产生温热感，再将热水袋放在患处热敷。每天2～3次，每次热敷10～30分钟，有活血祛风、通络止痛的功效。

民间小偏方 [壹]

【用法用量】雄乌鸡1只，三七6克，黄芪10克，药材洗净，共纳入收拾干净的鸡腹内，加入黄酒10毫升，隔水小火炖至鸡肉熟即可食用。

【功效】温阳、益气、定痛，适宜阳气不足引起的膝关节炎。

民间小偏方 [贰]

【用法用量】取猪肾1对、人参6克、核桃肉10克、粳米200克。猪肾洗净切片，将人参、核桃肉、粳米洗净，加适量水共煮成粥食用。每日1剂。

【功效】祛风除湿，补益肾气。

【 推荐药材食材 】

石斛

◎益胃生津、滋阴清热，可用于治疗肾阴虚亏、热病伤津、虚劳消瘦。

独活

◎祛风胜湿、散寒止痛，主治风寒湿痹、腰膝疼痛。

猪肾

◎健肾补腰、和肾理气，主治虚腰痛、遗精盗汗、产后虚羸。

汤膳食疗 石斛玉竹甲鱼汤

◎原材料

石斛6克、玉竹30克、甲鱼500克、蜜枣3颗。

◎调味料

盐5克。

◎做 法

①玉竹、石斛洗净，浸泡1小时；蜜枣洗净；甲鱼放入加水的煲内，加热至水沸鱼死，去肠脏，褪去四肢表皮，洗净，斩件，汆水。

②将2000毫升清水放入煲内，煮沸后加入以上材料，武火煲开后，改用文火煲3小时，加盐调味。

【功效详解】

● 石斛含石斛碱等生物碱、黏液质、淀粉等，有解热镇痛作用。甲鱼具有滋阴凉血、补益调中、补肾健骨、散结消痞等作用，可防治身虚体弱、肝脾肿大、骨关节炎等症。此汤有利于骨骼、软骨和结缔组织的修补与重建，对于骨关节炎疗效较好。

汤膳食疗 人参腰片汤

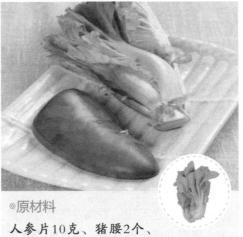

◎原材料

人参片10克、猪腰2个、芥菜100克。

◎调味料

盐5克。

◎做 法

①猪腰平剖为两半，剔去内面白筋，切成薄片；芥菜洗净，切段。

②煲中加4碗水，放入人参片以大火煮开，转小火续煮10分钟熬成高汤。

③再转中火，待汤烧开，放入腰片、芥菜，待水一开，加盐调味即可。

【功效详解】

● 人参大补元气，补脾益肺，可提高人体免疫力，对于骨组织修复有促进作用。猪腰性平，味甘咸，入肾经，有补肾、强腰、益气的作用。此汤有祛风除湿、补益肾气之效，适用于膝关节炎，症属肾气不足者。此汤补益效果甚强，年幼者不宜食用。

风湿性关节炎

风湿性关节炎，指的是由A组乙型溶血性链球菌感染所引起的一种常见的急性或慢性结缔组织炎症。

风湿性关节炎是风湿热的主要表现之一，西医对其病因病理至今尚未明确，认为与遗传因素、自身免疫反应有关。风湿性关节炎发病急，多以急性发热及关节疼痛起病，可累及膝、踝、肩、肘、腕等大关节。风湿性关节炎属中医"痹证"范畴，多因人体正气不足、卫气不固、关节受风寒湿热等外邪侵袭，致使经脉闭阻、气血运行不畅所致。

【典型症状】

发病部位游走不定，发病处关节红、肿、热、痛，且不能活动，关节局部炎症明显，肌肉亦会出现疼痛，急性期患者还会出现发热、咽痛、心慌等症状。

【家庭防治】

急性期应将关节置于休息体位，减少运动。关节疼痛有所减轻后，可根据具体的关节进行相应的关节操或周围按摩。

民间小偏方 [壹]

【用法用量】取桂枝、白芍、知母、熟地、红花、皂角刺、狗脊、防风各10克，生地、地龙、骨碎补各20克，生黄芪、桑寄生各15克，洗净以水煎服，每日1剂。
【功效】治疗类风湿性关节炎。

民间小偏方 [贰]

【用法用量】取络石藤、秦艽、伸筋草、路路通各12克，洗净以水煎服。
【功效】治疗慢性风湿性关节炎。

【推荐药材食材】

骨碎补

◎补肾强骨、续伤止痛，用于肾虚腰痛、风湿痹痛、筋骨折伤。

桑枝

◎祛风湿、利关节，主治风寒湿痹、四肢拘挛、关节酸痛麻木。

忍冬藤

◎清热、祛风、通络，有抗风湿、消炎止痛、抗变态反应的作用。

汤膳食疗 骨碎补猪脊骨汤

◎原材料

骨碎补30克、猪脊骨500克、红枣5颗。

◎调味料

盐5克。

◎做 法

①骨碎补洗净，浸泡1小时；红枣洗净，去核。

②猪脊骨斩段，洗净，汆水。

③将清水2000毫升放入瓦煲内，煮沸后加入以上用料，武火煲沸后改用文火煲3小时，加盐调味即可。

【功效详解】

● 骨碎补有补肾强骨、续伤止痛之效，《本草正》说其"疗骨中邪毒，风热疼痛，或外感风湿，以致两足痿弱疼痛"。现代医学研究表明，骨碎补具有促进软骨细胞功能的作用。此汤对于骨折、风湿性关节炎均有较好防治作用。

汤膳食疗 桑枝煲老母鸡汤

◎原材料

桑枝60克、老母鸡1只。

◎调味料

盐少许、生姜3片。

◎做 法

①桑枝洗净，稍浸片刻；老母鸡宰杀，去毛及内脏，洗净备用。

②将原材料与生姜一起放进瓦煲内，加入清水2500毫升，用武火煲沸后改用文火煲约2个小时。

③把鸡捞起，拌酱油佐餐用，加盐调味即可。

【功效详解】

● 桑枝，以枝条肥嫩、干燥、断面呈黄白色者为佳。能祛风通络、利关节，可单独重用该品（以老桑枝为宜）治疗关节红肿热痛等属热痹的关节病变，亦可配合其他药物同用。此汤可祛风通络，主治风湿痹症，而尤宜于上肢痹痛。

类风湿性关节炎

类风湿性关节炎，是指由细菌、病毒、遗传及性激素等因素引起的慢性全身性自身免疫性疾病。

类风湿性关节炎多见于手、腕、足等小关节，反复发作，呈对称分布。病变关节及其周围组织呈现进行性破坏，滑膜炎持久反复发作，可导致关节内软骨和骨的破坏，关节功能障碍，甚至残废。中医认为，类风湿性关节炎多因正气不足、风湿寒邪内侵，引起经脉闭阻、气血运行不畅所致。

【典型症状】

关节僵硬，关节红、肿、热、痛、活动障碍，出现关节屈曲及尺侧偏向畸形。累及肾脏，引起角膜炎、类风湿性血管炎、类风湿性心脏病、类风湿性肺病等并发症。

【家庭防治】

用手指捻腕部及各掌指或指间关节2分钟，重点捻患肢，可配合适当的摇肩、肘关节动作。搓上肢5～7次，注意用力要适中。

民间小偏方 [壹]

【用法用量】取苍术、白术、党参、牛膝各9克，附子、苏叶、羌活、独活、陈皮、苏梗、干姜各6克，公丁香、桂枝各4克，生姜3片，红枣5枚，洗净以水煎服，1日1剂，1日2次。

【功效】适用于痹症日久不愈。

民间小偏方 [贰]

【用法用量】取忍冬藤、赤小豆各30克，连翘、羌活各15克，防风、赤芍各10克，桂枝、麻黄各5克，生甘草、生姜各3克，洗净以水煎服，1日1剂，1日2次。

【功效】透表清热、化湿通络。

【推荐药材食材】

络石藤

◎祛风通络、凉血消肿，用于治疗风湿热痹、筋脉拘挛、腰膝酸痛。

全蝎

◎熄风通络，治血栓闭塞性脉管炎、类风湿性关节炎、骨关节结核。

黑豆

◎祛风、利水、散热，可治关节不利、风痹瘫痪、痈肿疮毒等。

汤膳食疗 黑豆乌鸡汤

◎原材料

黑豆150克、何首乌100克、乌鸡1只、红枣10颗。

◎调味料

生姜5克、盐适量。

◎做　法

①将乌鸡宰杀，去毛及内脏，洗净备用；黑豆放入铁锅中干炒至豆衣裂开，再洗净，晾干；何首乌、红枣、生姜分别洗净，红枣去核，生姜刮皮切片。

②瓦煲内加清水适量，煮沸，放入原材料和生姜，改中火继续煲约3小时，加盐调味即可。

【功效详解】

● 黑豆含有蛋白质、脂肪、维生素、微量元素等多种营养成分，同时又具有多种生物活性物质，对人体有很好的补益作用。豆乃肾之谷，黑色属水，水走肾，所以黑豆入肾功能多，有滋阴补肾的功效。此汤适用于肝肾阴虚所致的类风湿性关节炎。

汤膳食疗 蝎子猪肉汤

◎原材料

土茯苓50克、生地30克、蝎子30克、猪瘦肉200克。

◎调味料

盐5克。

◎做　法

①土茯苓洗净，浸泡30分钟；蝎子洗净备用。

②生地洗净，浸泡1小时；猪瘦肉洗净，切片，入开水中汆烫。

③将2000毫升清水放入瓦煲内，煮沸后加入全部原材料，武火煲开后改用文火煲3小时，加盐调味即可。

【功效详解】

● 据《本草纲目》和《中国药典》载，全蝎具有"熄风镇痉、消炎攻毒、通络止痛"的功能。此汤因加入全蝎，故有通络止痛之效，对风寒湿痹久治不愈、筋脉拘挛，甚至关节变形之顽痹，作用颇佳。全蝎入药或用于食疗方，用量宜小，且不宜久服。

阿尔茨海默病

阿尔茨海默病即所谓的老年痴呆症，是一种进行性发展的致死性神经退行性疾病，临床表现为认知和记忆功能不断恶化，日常生活能力进行性减退，并有各种神经精神症状和行为障碍。据中国阿尔茨海默病协会2011年的公布调查结果显示，全球有约3650万人患有阿尔茨海默病，每7秒就有一个人患上此病，平均生存期只有5.9年，是威胁老人健康的"四大杀手"之一。阿尔茨海默病多起病于老年期，潜隐起病，病程缓慢且不可逆，临床上以智能损害为主。

【 典型症状 】

记忆力减退：经常丢三落四，特别是对刚刚发生过的事情也没有记忆。

日常生活能力下降：病人对日常生活活动愈来愈感到困难。

智力低下：学习新东西的能力减退，不能用适当的语言表达，甚至外出经常迷路。

【 家庭防治 】

尽量利用各种机会活动手指，如双手转健身球、转核桃以及弹钢琴等；多做益智类题目；常喝绿茶。

民间小偏方 [壹]

【用法用量】芍药40克，川芎、泽泻各34克，茯苓、白术各22克，当归20克，将上药洗净研成粉末，每次服10克，早晚各1次，温开水送服。

【功效】本方对单纯痴呆型患者疗效最佳。

民间小偏方 [贰]

【用法用量】桂圆10个，红枣10个，洗净放适量水煎服，每晚睡前服用。

【功效】适用于阿尔茨海默病（老年性痴呆）患者夜间失眠、易惊、烦躁不宁。

【 推荐药材食材 】

人参

◎主补五脏，安精神，止惊悸，除邪气，明目，开心益智。

刺五加

◎提取物能改善神经系统的功能，并能延缓衰老、抗炎防癌。

石菖蒲

◎舒心气、怡心情、益心志，借以宣心思之结而通神明。

汤膳食疗 人参红枣鸡腿汤

◎原材料

人参25克、红枣3颗、鸡腿250克。

◎调味料

盐5克。

◎做　法

①鸡腿剁块；人参切片；红枣洗净。

②鸡块入沸水中氽烫，捞起用清水洗净。

③鸡肉、参片、红枣一起放入汤锅中，加适量水，用大火煮开后转小火慢炖30分钟，加盐调味即成。

【功效详解】

● 人参对神经系统有显著的兴奋作用，能提高机体活动能力，减少疲劳能，消除或减轻全身无力、头痛、失眠等症状。红枣有安神养血之效，老年体弱者食用红枣，能增强体质，延缓衰老。此汤适用于老年人预防阿尔茨海默病，并对中老年人及女士之气血不足症状有良好的舒缓作用。

汤膳食疗 人参莲子牛蛙汤

◎原材料

牛蛙100克、莲子150克、人参片10克、甘草5克。

◎调味料

盐适量。

◎做　法

①人参片、甘草略冲洗，装入棉布袋，扎紧袋口。莲子洗净，与棉布袋一起放入锅中，加水1200毫升，以大火煮开后转小火煮30分钟。

②牛蛙宰杀，洗净，剁块，放入药汤内煮至熟，捞起棉布袋，加盐调味即可。

【功效详解】

● 人参，栽培者为"园参"，野生者为"山参"。园参晒干或烘干，称"生晒参"；山参晒干，称"生晒山参"；人参经水烫、浸糖后干燥，称"白糖参"；人参蒸熟后晒干或烘干，称"红参"。《药性论》说其能"补五脏六腑，保中守神"，《本经》说其能"开心益智"。此汤可防治智力退化类疾病。

夜盲症

夜盲亦称"昼视""雀目""月光盲"，是一种夜间视力失常的疾病，是对弱光敏感度下降，暗适应时间延长的重症表现。先天性夜盲症多发生于近亲结婚之子女，以10~20岁发病较多，常双眼发病，男性多于女性。夜盲症为视网膜的视杆细胞功能紊乱而引起的暗适应障碍。在光的作用下，视杆细胞内的视紫红质漂白，分解为全反式视黄醛和视蛋白。凡是影响足量的维生素A供应，正常的杆体细胞功能及视网膜色素上皮功能等阻碍视紫红质光化学循环的一切因素，均可导致夜盲。夜盲症患者应尽量避免在夜间开车，天气状况不好的白天也应尽量避免。如要开，应保持前灯的干净，以增加患者在夜间的可见度；在光线不足的白天，应避免佩戴太阳眼镜。服用大量的维生素A虽然可在数小时内使状况有所改善，但须在临床医生的指导下使用。

【 典型症状 】————————————————

夜间或白天在黑暗处不能视物或视物不清。

【 家庭防治 】————————————————

多吃一些维生素A含量丰富的食品，如鸡蛋、动物肝脏等。

民间小偏方 [壹]

【用法用量】绣球防风20克，洗净，加入适量的水熬煮内服，每剂1日，分2次服用。
【功效】专治夜盲症，对于皮疹、疳积、痈肿也有很好的疗效。

民间小偏方 [贰]

【用法用量】枸杞30克，大豆100克，洗净同煮为粥。
【功效】补益肝肾，对于夜盲症有较好的疗效。

【 推荐药材食材 】————————————————

决明子

◎清热明目，用于目赤涩痛、目暗不明、风热赤眼、青盲等症。

南瓜

◎入脾、胃二经，润肺益气、宽肠明目，用于辅助治疗夜盲症。

胡萝卜

◎健脾消食、补肝明目，用于小儿营养不良、夜盲症等的辅助治疗。

汤膳食疗 胡萝卜慈姑瘦肉汤

◎原材料

猪瘦肉500克、胡萝卜250克、山慈姑50克。

◎调味料

盐适量。

◎做　法

①胡萝卜去皮，洗净，切厚片；山慈姑去皮，洗净，切开两半。

②猪瘦肉洗净，切块，与胡萝卜、山慈姑一起放入炖盅内，加清水适量，文火煲1小时，调味即可。

【功效详解】

● 猪瘦肉性平，味甘、咸，能滋阴润燥。山慈姑，性凉，因其入肝经，而肝主目，故有明目之功。胡萝卜味甘，性平，有健脾和胃、补肝明目之效。三者合而为汤，有滋肝明目、宽中和胃之功，对于目睛疾病有较好的防治作用。

汤膳食疗 胡萝卜山药鲫鱼汤

◎原材料

山药50克、胡萝卜300克、鲫鱼500克。

◎调味料

姜片5克、盐5克、油适量。

◎做　法

①山药洗净，浸泡1小时；胡萝卜去皮洗净，切块。

②鲫鱼去鳞、鳃、内脏，洗净；锅里下油、姜片，将鲫鱼两面煎至金黄色。

③将清水1800毫升放入瓦煲内，煮沸后加入以上用料，武火煲沸后改用文火煲2小时，加盐调味即可。

【功效详解】

● 鲫鱼富含优质的蛋白质，对人体有很好的补益作用，此外它还富含丰富的维生素A，最宜夜盲症患食用，并可预防干眼病、夜盲和各种角膜炎。此汤补肝明目，可补充足量的维生素A、维生素D和钙，有明显提高视力的作用。

汤膳食疗 胡萝卜瘦肉生鱼汤

◎原材料

生鱼500克、猪瘦肉100克、胡萝卜500克、红枣10颗、陈皮1小片。

◎调味料

盐、油各适量。

◎做 法

①胡萝卜去皮洗净，切厚片；红枣（去核）、陈皮洗净。

②猪瘦肉洗净，切块；生鱼去鳞、鳃、肠脏，洗净，抹干水，下油锅稍煎黄。

③把全部材料放开水锅内，武火煮沸后改文火煲2小时，加盐调味。

【功效详解】

● 胡萝卜中胡萝卜素的含量在蔬菜中名列前茅，这种胡萝卜素的分子结构相当于两个分子的维生素A，进入机体后，在肝脏及小肠黏膜内经过酶的作用，其中50%变成维生素A，有补肝明目的作用。此汤可用于辅助治疗夜盲症及小儿眼干症。

汤膳食疗 南瓜鲜虾汤

◎原材料

南瓜300克、鲜虾200克。

◎调味料

盐5克。

◎做 法

①南瓜削皮，去子，洗净，切块；鲜虾剪去须足，自背部以牙签挑去肠泥，洗净。

②将南瓜盛入锅内，加水盖过材料，以大火煮沸转小火煮至南瓜将熟。

③将虾加入，续煮至虾壳完全转红，加盐调味。

【功效详解】

● 南瓜中所含的β-胡萝卜素，可由人体吸收后转化为维生素A，维生素A和蛋白质结合可形成视蛋白，在眼睛健康中扮演重要的角色，常食可以有效预防因缺乏维生素A而导致的夜盲症。此汤能健脾、养肝、明目，长期食之，对夜盲症有效。

第四章

外科疾病
食疗好汤膳

老年斑

老年斑，医学上称之为脂溢性角化，指的是出现在老年人皮肤上的一种良性表皮增生性肿瘤。

实际上，老年斑是人体内脏衰老的预示符号。进入中老年期后，细胞代谢机能减退，体内脂肪容易发生氧化，产生的脂褐质就会在皮肤中积累，最终形成老年斑。脂褐质不仅出现在皮肤上，也会长在机体内部，如血管壁、心脏、脑细胞等处。这些脂褐质会影响正常的细胞代谢，引起整个机体衰老，导致各种疾病。

【典型症状】

斑褐黑色，常见于面、手、四肢、躯干等裸露部位，大小不等、不规则，呈不对称性分布。

【家庭防治】

增加体内抗氧化剂，最理想的是维生素E，所以要多吃富含维生素的食物，必要时可遵照医嘱，服用维生素E，以增强机体抗氧化能力。

民间小偏方 [壹]

【用法用量】取姜适量，洗净切成片或丝，加入沸水中冲泡10分钟，然后加入1汤匙蜂蜜，拌匀后饮用。每天1杯。

【功效】姜辣素可对抗脂褐素，坚持服用可有效减淡老年斑。

民间小偏方 [贰]

【用法用量】水发银耳50克，煮熟鹌鹑蛋3枚，加少量黄酒，适量味精、食盐，用小火煨炖，熟烂后食肉喝汤，并配合服用适量维生素A、维生素C和维生素E。

【功效】润肺滋阴、调节血脂，可清除老年斑。

【推荐药材食材】

杏仁

◎润肠通便、止咳平喘，可通过润肠排毒来达到清润肌肤的作用。

银耳

◎润肺生津、滋阴养胃，适用于虚劳咳嗽、津少口渴、面部多斑者。

洋葱

◎健胃润肠、解毒杀虫，用于防治高血压、高血脂、老年斑。

汤膳食疗 银耳香菇猪胰汤

◎原材料

猪胰（约300克）、瘦猪
肉100克、银耳30克、香菇30克。

◎调味料

花生油、盐各适量。

◎做 法

①银耳用清水浸开，洗净，摘小朵；香
菇用清水泡开，洗净，去蒂；猪胰、瘦
猪肉洗净，切片，用花生油、盐稍腌。

②把银耳、香菇放入锅内，加清水适
量，武火煮沸10~15分钟后，放入猪
胰、瘦猪肉，文火煲至肉熟，加盐调味
即可。

【功效详解】

● 许多中老年人由于脂褐素沉积于
皮肤，容易在面部、手背等处形成老
年斑，而食用银耳有祛除老年斑的作
用。银耳中含有丰富的胶质和多糖，
胶质可增加皮肤弹性，多糖能增强巨
噬细胞吞噬功能，有助于清除脂褐素
沉积。坚持食用此汤可祛斑润肤。

汤膳食疗 洋葱羊肉汤

◎原材料

羊肉750克、洋葱60克、
肉苁蓉30克。

◎调味料

生姜4片、盐适量。

◎做 法

①羊肉洗净，切块，入开水中汆去
膻味。

②洋葱切成块。

③生姜、肉苁蓉洗净，与羊肉、洋葱块
一起放入锅内，加清水适量，武火煮沸
后转文火煲3小时，调味供用。

【功效详解】

● 洋葱富含硫质和维生素等营养成
分，能消除体内废物，使体内器官氧
化衰老速度减慢。此外，洋葱中还含
有较多的维生素E，能阻止不饱和脂
肪酸生成脂褐质色素，可明显减缓动
脉硬化斑和老年斑的发展。民间常用
此汤防治老年斑，疗效显著。

黄褐斑

　　黄褐斑俗称"肝斑""妊娠斑"，它是皮肤黑色素增多而不能及时排出，沉积于面部所引起的一种常见皮肤病。

　　黄褐斑主要发生在颧部、颊部、颏部、鼻和前额等部位，多为对称分布。黄褐斑的产生与内分泌失调有密切的关系，女性激素水平异常、月经不调或肝功能不好都可能出现黄褐斑。此外，慢性病、阳光照射、各种电离辐射以及不良的生活习惯也都会引发或加重本病。

【 典型症状 】

面部出现色素沉着斑，呈黄褐色或深褐色斑片，形状不规则，表面光滑，无鳞屑，可融合成大片，患者无自觉症状或全身不适。

【 家庭防治 】

选用柠檬制成的洁面和沐浴产品能够使皮肤变得滋润光滑，这是因为柠檬含有一种叫枸橼酸的物质，这种物质可以有效防止皮肤色素沉着，防止黄褐斑的形成。

民间小偏方 [壹]

【用法用量】取茯苓20克，丝瓜络15克，白菊花10克，僵蚕5克，玫瑰花5朵，红枣5枚，洗净以水煎代茶饮。

【功效】清热，祛风，消滞。

民间小偏方 [贰]

【用法用量】取猪肾1对，山药100克，粳米200克，薏米50克。猪肾去筋膜、臊腺，洗净，切碎，与去皮切碎的山药及洗净的粳米、薏米、水一起，用小火煮成粥，加调料调味即可。

【功效】补肾益肤，适用于色斑、黑斑皮肤。

【 推荐药材食材 】

枸杞

◎补肝益肾、调节血脂，有增强免疫、延缓衰老的作用。

山药

◎补脾养胃、生津益肺，有益心安神、宁咳定喘、延缓衰老等作用。

老鸭

◎性偏凉，能养胃生津，内可滋养五脏之阴，外可润肤焕颜。

汤膳食疗 黄芪枸杞炖生鱼

◎原材料

生鱼500克、枸杞5克、红枣5颗、黄芪5克。

◎调味料

盐5克、味精3克、胡椒粉2克。

◎做 法

①生鱼宰杀去内脏洗净，斩段；红枣、枸杞泡发；黄芪洗净。

②锅中加油烧至七成热，下入鱼段稍炸后，捞出沥油。

③再将鱼、枸杞、红枣、黄芪一起装入炖盅中，加适量清水炖30分钟，调入调味料即可。

【功效详解】

● 枸杞味甘、性平，具有补肝益肾、润肺美肤之功效。枸杞包含18种氨基酸、钙、磷、铁、多种维生素、烟酸和胡萝卜素等。常吃枸杞可提高皮肤吸收养分的能力，还有一定美白作用。适量食用此汤，能补血养颜，达到去除黄褐斑的效果。

汤膳食疗 莲子山药鹌鹑汤

◎原材料

莲子50克、山药50克、鹌鹑1只、猪瘦肉150克。

◎调味料

盐5克。

◎做 法

①莲子去心，洗净，浸泡1小时。

②山药洗净，浸泡1小时；鹌鹑去毛、内脏，洗净，汆水；猪瘦肉洗净，汆水。

③将清水2000毫升放入瓦煲内，煮沸后加入以上材料，武火煲开后改用文火煲3小时，加盐调味即可。

【功效详解】

● 李时珍说："山药能润皮毛。"作为高营养食品，山药中含有大量蛋白质、B族维生素、维生素C、维生素E、葡萄糖、粗蛋白氨基酸、胆汁碱、薯蓣皂等。其中重要的营养成分薯蓣皂，是合成女性激素的先驱物质。此汤对黄褐斑等有独特疗效。

颈部淋巴结结核

颈部淋巴结结核，是指结核杆菌侵入颈部所引起的特异性感染，多见于儿童和青年人。

结核杆菌大多经由口腔、鼻咽等处侵入人体，通过上呼吸道或食物在扁桃体、龋齿等处形成原发灶，在人体抗病能力低下时就会引起本病。另外，肺部原发性结核灶经淋巴或血行播散感染颈部，也可引起颈部淋巴结结核。

【 典型症状 】

有多个大小不等的肿大淋巴结，初期肿大的淋巴结相互分离，可移动，无疼痛。病情发展，发生淋巴结周围炎，各淋巴结融合粘连成团。晚期，淋巴结干酪样变，液化而成寒性脓肿，破裂后形成慢性窦道或溃疡。少数患者会出现低热、盗汗、食欲不振、消瘦等全身中毒表现。

【 家庭防治 】

接种卡介疫苗，增强机体抵抗结核杆菌的能力。注意个人卫生，尽快治愈扁桃体炎、龋齿。增强自我保护意识，避免与结核病患者直接接触。

民间小偏方 [壹]

【用法用量】取白梅花5克，粳米100克。将粳米洗净，加水适量煮粥，将成时，加入洗净的白梅花，煮熟食用。每日1次，顿食。

【功效】疏肝理气，解郁，可治瘰疬、梅核气。

民间小偏方 [贰]

【用法用量】夏枯草、昆布、海藻各30克，玄参、当归、牡蛎、地丁各20克，金银花、黄芪各15克，丹皮、红花各10克，将所有药材洗净研为细面，炼蜜为丸，每丸重9克。早晚各服1丸。

【功效】解毒、祛痰、排脓。

【 推荐药材食材 】

紫草

◎凉血、活血、解毒，适用于血热毒盛、热病疱疹、热结便秘。

黄芪

◎具有补气固表、利尿托毒、排脓、敛疮生肌之功效，可治瘰疬。

乳香

◎调气活血、定痛消肿，用于治气血瘀滞、痈疮肿毒、瘰疬等症。

汤膳食疗 桑葚乌鸡汤

◎原材料

桑葚30克、紫草10克、熟
地30克、丹皮5克、侧柏叶10克、乌鸡1
只(约700克)。

◎调味料

盐适量。

◎做 法

①将乌鸡宰杀，去毛及内脏，洗净。
②所有药材洗净，放入乌鸡的腹腔里，
用线或绳捆扎好，放入锅中，加适量清
水炖煮。
③煮至鸡肉熟烂，加盐调味即可，饮汤
吃鸡肉。

【功效详解】

● 颈部淋巴结结核，中医称为"瘰
疬"。而紫草有活血凉血、清热解毒
之功，可主治斑疹、瘰疬、麻疹等。
桑葚润燥生津、补肝益肾，可治关节
不利、瘰疬等。《玉楸药解》说其能
"治瘰淋，瘰疬，秃疮"。此汤适合
瘰疬初期患者食用。

汤膳食疗 黄芪炖乌鸡

◎原材料

黄芪50克、乌鸡1000克。

◎调味料

葱10克、姜10克、盐适量、料酒适量。

◎做 法

①乌鸡清洗干净，放入沸水锅中氽一
下，捞出洗净；葱洗净，切段；姜洗
净，切片。
②将黄芪洗净，放入乌鸡腹中；乌鸡放
入砂锅，注入适量清水，放入料酒、
盐、葱段、姜片，用小火炖至乌鸡肉烂
入味即成。

【功效详解】

● 瘰疬中期，若液化成脓时，皮肤微
红，或紫暗发亮，扪之微热，按之有
轻微波动感。故在中期的治疗中要多
加托毒透脓药，如黄芪、穿山甲、皂
角刺等。黄芪可用于瘰疬后期瘰核溃
破后久不收口。此汤有生肌收口之作
用，对于瘰疬有很好的防治作用。

骨折

骨折，是指由外伤、病理等原因造成骨头或骨头的结构部分或完全断裂的一种骨科常见疾病。造成骨折的原因主要有直接暴力、间接暴力和积累性劳损三种。根据骨折的形态，可将骨折分为粉碎性骨折、压缩骨折、星状骨折、凹陷骨折、裂纹骨折。骨折多发于骨质较为脆弱的儿童和老年人，发生骨折后应恰当地处理，调理恢复原来的功能，以免留下后遗症。

【 典型症状 】

患处骨质部分断裂或完全断裂，骨折后局部肿胀、疼痛，严重损伤可导致大出血或组织器官损伤，并引起休克、发热、感染。不同部位骨折会有其他相应的临床表现。

【 家庭防治 】

在日常学习、工作、身体锻炼过程中均要安全第一，时时注意安全，避免遭受外伤，减少骨折发生。一旦怀疑有骨折，应尽量减少患处的活动，并及时采取急救措施。

民间小偏方 [壹]

【用法用量】取三七、当归各10克，肉鸽1只，收拾干净，共炖熟烂，汤肉并进，每日1次。

【功效】活血化瘀，行气消散。

民间小偏方 [贰]

【用法用量】取当归、续断各10克，骨碎补15克，新鲜猪排或牛排骨250克。将药材、食材洗净，全部放入锅中炖煮1小时以上，喝汤食肉。

【功效】滋补身体，促进骨痂生长和伤口愈合。

【 推荐药材食材 】

接骨木

◎活血止痛、通经接骨，主治风湿关节痛、跌打损伤、骨折。

续断

◎补肝肾、强筋骨，主治损筋折骨、腰背酸痛、肢节痿痹。

猪脊骨

◎滋补肾阴、填补精髓，用于肾虚耳鸣、腰膝酸软、烦热、贫血。

汤膳食疗 生地茯苓脊骨汤

◎原材料

生地50克、茯苓50克、猪脊骨700克、蜜枣5颗。

◎调味料

盐5克。

◎做　法

①生地、茯苓洗净，浸泡1小时。

②蜜枣洗净；猪脊骨斩块，洗净，飞水。

③将清水2000毫升放入瓦煲内，煮沸后加入以上用料，武火煲沸后改用文火煲3小时，加盐调味即可。

【功效详解】

● 猪脊骨，此乃血肉甘润之品，用以填精补阴以生津液，尤适合骨折之人食用。茯苓气微性和，可通过补益脾胃来促进骨折之人身体的恢复。生地清热凉血、养阴生津，对于骨折病人亦有好处。此汤适用于骨折后期及非骨折的体虚型骨伤患者。

汤膳食疗 续断核桃仁牛尾汤

◎原材料

牛尾1条、续断25克、核桃仁60克。

◎调味料

盐适量。

◎做　法

①将续断、核桃仁洗净。

②牛尾去毛，洗净后斩成数段，用沸水氽烫。

③把全部材料一起放锅内，加清水适量，武火煮沸后，改文火煮2小时，用盐调味即可。

【功效详解】

● 续断，别称川断、龙豆、属折、接骨、南草、接骨草、和尚头，因能"续折接骨"而得名。该品具有辛温破散之性，善能活血祛瘀；其能壮骨强筋，而有续筋接骨、疗伤止痛之能。此汤可治跌打损伤、瘀血肿痛、筋伤骨折。

骨髓炎

　　骨髓炎，指的是由需氧菌或厌氧菌、分支杆菌及真菌引起的骨的感染和破坏，多见于椎骨、糖尿病患者足部、儿童供血良好的长骨以及外伤或手术引起的穿透性骨损伤部位。

　　骨髓炎累及到骨髓、骨膜、骨皮质等在内的整个骨组织，细菌通过血液循环、侵入伤口和蔓延等途径感染骨组织而引起炎症。骨髓炎属中医"附骨疽"或"附骨流毒"范畴，多是内伤七情、饮食劳伤或外邪内侵、跌打损伤、金刃创伤、水火烫伤所致。

【 典型症状 】

急性骨髓炎：骨疼痛、发热、消瘦和疲乏，局部红肿热痛。

慢性骨髓炎：溃破、流脓、有死骨或空洞形成，严重时会危及患者生命而不得不截肢。

【 家庭防治 】

养成良好的卫生习惯，增强身体抵抗力，预防外伤感染，以及疖、疔、疮、痈以及上呼吸道感染等感染性疾病。及时治疗软组织损伤和骨折，防止感染发生。

民间小偏方 [壹]

【用法用量】取白藤、五香藤、木贼草、虎杖、独定子各等量，将各药洗净，共研成细末，取适量加热水拌凡士林，用纱布裹药包敷患处。

【功效】适用于化脓性骨髓炎。

民间小偏方 [贰]

【用法用量】取鲜萍全草30克，活泥鳅2条。泥鳅用水养一天一夜，保留体表黏滑物质，洗后再用冷开水浸洗1次。将鲜萍、泥鳅洗净，一起捣烂敷患处，每天1次，两周为一个疗程。

【功效】用于治疗骨髓炎。

【 推荐药材食材 】

防己

◎祛风止痛、利水消肿，主治湿疹疮毒、风湿痹痛、手足挛痛。

巴戟天

◎补肾阳、壮筋骨，主治风寒湿痹、腰膝酸痛。

连翘

◎清热解毒，主治热病初起、风热感冒、发热、心烦等。

汤膳食疗 巴戟海参汤

◎原材料

巴戟天25克、枸杞20克、海参100克、红枣20颗。

◎调味料

盐、味精各适量。

◎做 法

①海参泡发一晚上，洗净，切块。

②将巴戟天、枸杞、红枣洗净。

③将所有材料一起放入炖锅里，加适量水，隔水炖3小时，加盐、味精调味即可。

【功效详解】

● 巴戟天，别称巴戟、巴吉天、戟天、巴戟肉、鸡肠风等，为双子叶植物药茜草科植物巴戟天的根。其有补肾阳、壮筋骨、祛风湿的作用，可治肾虚腰脚无力、痿痹瘫痪、风湿骨痛、神经衰弱、阳痿、遗精等，对于骨髓炎亦有较好的防治作用。

汤膳食疗 连翘瘦肉汤

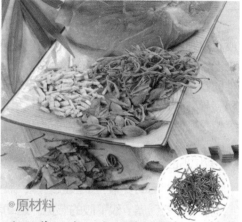

◎原材料

鱼腥草30克、金银花15克、白茅根25克、连翘12克、猪瘦肉100克。

◎调味料

盐6克、味精少许。

◎做 法

①鱼腥草、金银花、白茅根、连翘洗净。

②将以上材料放锅内加水煎汁，用文火煮30分钟，去渣留汁。

③猪瘦肉洗净切片，放入药汤里，用文火煮熟，加盐、味精调味即成。

【功效详解】

● 连翘含有连翘酚、香豆精、齐墩果酸、维生素P等，具有清热、解毒、散结排脓等功效。《珍珠囊》说："连翘之用有三：泻心经客热，一也；去上焦诸热，二也；为疮家圣药，三也。"对于慢性化脓性骨髓炎，连翘瘦肉汤有一定的食疗作用。

腰椎间盘突出症

腰椎间盘突出症，指的是由腰椎间盘退行性变、纤维环破裂、髓核突出刺激或压迫神经根、马尾神经所引起的以腰痛为主要表现的一种骨伤科疾病。腰椎逐渐衰老，加之受到压迫、挤压、磨损，导致生理功能发生退行性改变，尤其是下部的椎间盘。在退行性变的基础上，如果长期腰部用力不当、姿势不合理，造成损伤累积，导致椎间盘的纤维环破裂，髓核组织脱出于后方或椎管内，使脊神经根、脊髓等遭受刺激或压迫，从而产生腰部和下肢麻木、疼痛等一系列临床症状。

【典型症状】

腰痛、腰部活动受限、下肢放射痛、肢体麻木、间歇性跛行、肌肉麻痹、下腹部痛或大腿前侧痛，双下肢的感觉、运动功能障碍及膀胱、直肠功能障碍。

【家庭防治】

两脚分开与肩宽，脚尖向内，两臂伸直，一手在体侧，一手举过头顶。如果右手在上，先向左侧后方摆。左手在上则相反。摆的同时腰部也随之扭动，左右各100次。

民间小偏方 [壹]

【用法用量】取牛膝15克，秦艽、川芎、桃仁、红花、没药、五灵脂、香附、地龙、羌活、当归各10克，甘草6克，洗净以水煎服。
【功效】活血化瘀，疏通经络。

民间小偏方 [贰]

【用法用量】取茴香15克，猪腰1个。猪腰开边，剔去筋膜洗净，与洗净的茴香共置锅内加水煨熟。趁热用黄酒送服。
【功效】温肾祛寒，主治腰痛。

【推荐药材食材】

鹌鹑

◎益中补气、强筋骨，主治体虚乏力、贫血头晕、气短倦怠。

接骨木

◎活血、舒筋、止痛，主治风湿痛、闪挫伤、无名肿毒。

板栗

◎补脾健胃、补肾强筋，可预防腰间椎盘突出、骨质疏松。

汤膳食疗 板栗排骨汤

◎原材料

板栗250克、排骨500克、胡萝卜100克。

◎调味料

盐适量。

◎做法

①板栗入沸水中用小火煮熟，捞起后剥去膜；排骨入沸水中汆烫，用清水冲洗干净，斩段；胡萝卜削皮，洗净，切大块。

②将所有材料放入锅中，加水至盖过材料，以大火煮开，转小火续煮30分钟，加盐调味即可。

【功效详解】

● 中医认为，板栗有补肾健脾、强身壮骨、益胃平肝等功效，主治肾虚、腰腿无力，能通肾益气，因此，板栗又有"肾之果"的美名。此汤具有补肾强腰、活血止痛之功效，适用于肾虚型腰椎间盘突出症，症见腰腿部酸软，遇劳更甚，喜温喜按。

汤膳食疗 桂圆百合炖鹌鹑

◎原材料

桂圆肉15克、百合30克、鹌鹑2只。

◎调味料

盐5克。

◎做法

①桂圆肉、百合洗净，用水稍浸泡。

②鹌鹑宰杀，去净毛及内脏，洗净。

③将所有材料放入炖盅内，加适量清水，盖上盅盖，隔水炖3小时，加盐调味即可。

【功效详解】

● 鹌鹑能补脾益气、健筋骨、利水除湿，有"天上人参"的美誉。《本草纲目》中说："（鹌鹑）肉能补五脏，益中续气，实筋骨，耐寒暑，消结热。"此汤可用于腰椎间盘突出症患者或手术后身体虚弱、虚劳羸瘦、气短倦怠者，补益之效甚佳。

肩周炎

　　肩周炎，指的是由多种原因引起的肩关节周围肌肉、肌腱、滑囊和关节囊等软组织的慢性无菌性炎症。肩部退行性变是本病发生的基础。肩部活动频繁，周围软组织受到各种挤压和摩擦，长时间姿势不良，或者急性挫伤、牵拉伤后因治疗不当，以及颈椎病，心、肺、胆道疾病发生的肩部牵涉痛，均可引发肩周炎。中医认为，肩周炎主要是由年老体虚、风寒湿邪乘虚而入，致经脉痹阻；或外伤筋骨、瘀血内阻、气血不行、经筋作用失常所致。

【 典型症状 】

肩部阵发性疼痛、钝痛、割样痛，并向颈项和上肢扩散，气候变化或劳累后疼痛加剧。肩部怕冷，有明显的压痛点，关节活动受限，严重的出现肩周围肌肉痉挛与萎缩。

【 家庭防治 】

弯腰垂臂，甩动患臂，以肩为中心，做由里向外或由外向里的画圈运动，用臂的甩动带动肩关节活动。幅度由小到大，反复做30～50次。

民间小偏方 [壹]

【用法用量】取当归、生地、熟地、威灵仙、鸡血藤、赤芍、白芍、炙甘草各10克，桂枝、蜈蚣、橘络各6克，黄芪15克，细辛1克。药材洗净以水煎服，每日1剂，日服2次。
【功效】活血养血，舒筋通络。

民间小偏方 [贰]

【用法用量】取黄芪、葛根各20克，山萸肉、伸筋草、桂枝、姜黄各10克，当归、防风各12克，秦艽15克，田七5克，甘草6克。药材入陶罐煎水，每日1剂，分3次服用。
【功效】补肾养肝，益气活血。

【 推荐药材食材 】

威灵仙

◎祛风除湿、通络止痛，主治风湿痹痛、肢体麻木、屈伸不利。

黄芪

◎利水消肿、补气，适用于中气下陷、肩肘不利、虚劳瘦弱、水肿等症状。

乌蛇

◎祛风、通络、定惊，用于治疗风湿顽痹、麻木拘挛、抽搐痉挛。

汤膳食疗 熟地黄芪羊肉汤

◎原材料

熟地20克、黄芪15克、当归10克、白芍10克、羊肉500克、陈皮5克、红枣5颗。

◎调味料

生姜片6克、盐适量、油适量。

◎做 法

①羊肉洗净，切块；中药材洗净。

②锅上火下油，油热后放入羊肉炒一下，再捞出滤干油。

③将羊肉、生姜片、红枣、陈皮和所有中药材一起放入瓦煲内，加适量清水，大火煲滚后用小火煲3小时，调味即可。

【功效详解】

● 肩周炎，中医称漏肩风、冻结肩。黄芪补气益中，熟地补血养阴，羊肉温补气血、散寒补虚，三者合而汤，有益气养血、疏经散寒的功效，可治因外邪乘虚侵袭、闭阻经络、肩部筋脉失于荣养而引起的肩周痹痛。

汤膳食疗 黄瓜茯苓乌蛇汤

◎原材料

乌梢蛇250克、黄瓜500克、土茯苓100克、红豆60克、红枣7颗。

◎调味料

生姜30克、盐适量。

◎做 法

①乌梢蛇剥皮，去内脏，放入开水锅内煮熟，取肉去骨。

②鲜黄瓜洗净，切块；土茯苓、红豆、生姜、红枣（去核）洗净，与蛇肉一起放入炖盅内，加清水适量，武火煮沸后，文火煲3小时，调味供用。

【功效详解】

● 乌蛇为游蛇科乌梢蛇属中体形较大的无毒蛇，祛风通络之力较强，临床主要用于风湿性关节炎、类风湿性关节炎、肩周炎、腰腿痛、颈椎病、腰椎间盘突出、腰肌劳损、坐骨神经痛及全身关节痛等。此汤适用于筋脉痹阻引起的各种疼痛症。

颈椎病

颈椎病，指的是由各种因素引起的一种以退行性病理改变为基础的脊椎病患。颈椎病可发于各年龄层次人群，以40岁以上中老年人居多。到了中年阶段，颈椎及椎间盘开始出现退行性改变，在此基础上，进行剧烈活动或不协调运动，或颈部长期处于劳累状态，造成局部肌肉、韧带、关节囊的损伤，加之受到寒冷、潮湿因素的影响，结果就会引发颈椎病。

【典型症状】

颈背疼痛，颈脖子僵硬，活动受限；上肢无力，手指发麻，下肢乏力，行走困难；头晕，恶心，呕吐甚至心动过速、视物模糊、性功能障碍、四肢瘫痪及吞咽困难。

【家庭防治】

运动后或天气转凉，要注意对颈肩部的保暖。平时要避免头颈承受过重压力，避免过度疲劳。利用休息时间多做一些颈项锻炼操，以改善局部血液循环，松解粘连和痉挛的软组织，达到防治颈椎病的目的。

民间小偏方 [壹]

【用法用量】取羌活、当归、伸筋草各15克，海桐、赤芍、白术、川芎各12克，姜黄、桂枝、甘草各10克。药材洗净以水煎服。

【功效】行气活血，舒筋止痛。

民间小偏方 [贰]

【用法用量】取独活、防风各15克，川芎12克，蒿本、羌活、蔓荆子、甘草各10克。药材洗净以水煎服。

【功效】祛风除湿，温经活络。

【推荐药材食材】

赤芍

◎清热凉血、散瘀止痛，主治疝瘕积聚、跌扑损伤、痈肿疮疡。

天麻

◎熄风止痉、平肝潜阳、祛风通络，主治风湿痹痛、肢体麻木。

猪蹄

◎补虚弱、填肾精，用于治疗四肢疲乏、腿部抽筋、麻木。

汤膳食疗 天麻炖猪脑

◎原材料

猪脑60克、天麻10克。

◎调味料

香油、盐各适量。

◎做 法

①将猪脑用清水浸泡，去尽筋膜和血水，洗净；天麻洗净。

②将猪脑和天麻一起放入炖盅内，加适量清水，隔水炖熟。

③最后加入香油、盐调味即可服食。

【功效详解】

● 本汤膳有滋阴补血、熄风化痰的功效，对肝肾不足、心脾两虚型颈椎病有辅助食疗作用。天麻性平，味甘，入肝经，有熄风止痛、祛风止痉、平肝潜阳功效。此汤对肝风内动、惊痫抽搐、眩晕、头痛及肢麻痉挛抽搐、风湿痹痛有一定食疗作用。

汤膳食疗 黑豆猪蹄汤

◎原材料

莲藕750克、黑豆100克、猪蹄300克、当归10克、红枣3颗。

◎调味料

盐少许。

◎做 法

①莲藕洗净切块；猪蹄洗净，斩块后汆水；黑豆干炒至豆衣裂开，再洗净；当归、红枣分别用清水洗净，红枣去核。

②瓦煲内加适量清水，先用猛火煲至水开，然后放入全部材料，待水再开时，改用中火继续煲3小时，加入盐调味即可。

【功效详解】

● 黑豆有调中下气的作用，可治疗风湿疼痛。由于颈椎病是椎体增生、骨质退化疏松等引起的，所以颈椎病患者应以富含钙、蛋白质、B族维生素、维生素C和维生素E的饮食为主。而黑豆猪蹄汤富含上述营养物质，对于颈椎病有较好的防治作用。

腰肌劳损

腰肌劳损，是指由急性扭伤失治或慢性积累性损伤引起的腰部肌肉、筋膜与韧带等软组织的一种慢性损伤。

急性腰扭伤后反复腰肌损伤，长期的腰部过度活动、负荷，以及长期处于温度低、湿度大的环境等，都可能导致或加重腰肌劳损。腰肌劳损属中医"腰痛"范畴，主要是由筋络挫伤后筋脉失养、气血不畅或因肾气亏虚或受风寒湿邪所致。

【典型症状】

腰部酸痛、胀痛、刺痛或灼痛，腰部酸胀无力，有的还伴有沉重感。腰部有压痛点，气温下降时，腰部受凉或劳作运动后疼痛加剧，致使弯腰困难，夜不能寐。

【家庭防治】

两手半握拳，在腰部两侧凹陷处轻轻叩击，注意用力要均匀，力度以适中为宜，每次叩击2分钟。疼痛时，可先弹拨痛点10～20次，然后轻轻揉按1~2分钟，以缓解疼痛不适。

民间小偏方[壹]

【用法用量】取地龙、苏木、核桃仁、土鳖各9克，麻黄、黄柏各3克，元胡、制乳没各10克，当归、川断、乌药各12克，甘草6克，药材洗净以水煎服，每日1剂，食前服。

【功效】活血通络，调补肝肾。

民间小偏方[贰]

【用法用量】取苍术、黄柏各12克，薏米30克，忍冬藤、草薢各20克，木瓜、防己、海桐皮、牛膝各25克，甘草6克，药材洗净以水煎服。

【功效】清热利湿，舒筋通络。

【推荐药材食材】

川芎

◎川芎上行可达巅顶，下行可达血海，可治头风头痛、腰肌劳损等症。

海桐皮

◎祛风湿、通经络，主治风湿痹痛、血脉麻痹疼痛、腰部酸痛。

牛膝

◎祛风湿、补肝肾、强腰膝，用于治疗风湿痹痛、腰膝酸软。

汤膳食疗 鹿茸川芎羊肉汤

◎原材料

羊肉500克、鹿茸9克、川芎12克、锁阳15克、红枣少许。

◎调味料

盐、味精各适量。

◎做 法

①羊肉洗净，切小块。

②川芎、锁阳、红枣、鹿茸泡发洗净。

③把全部用料一起放入瓦煲内，加适量清水，武火煮沸后转文火煮2小时，加盐、味精调味即可。

【功效详解】

● 川芎，血中气药，《药性论》说其能"治腰脚软弱"。此汤有行气活血、舒筋祛瘀、通络止痛之效，可治腰肌劳损症见痛有定处，如锥如刺，俯仰不利。鹿茸有补肾养血、强筋壮骨之效。此汤对于肾阳不足、阴精亏损所致腰肌劳损有较好的作用。

汤膳食疗 牛膝炖猪蹄

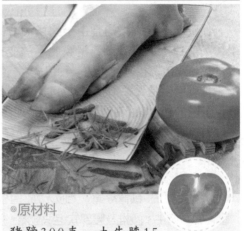

◎原材料

猪蹄300克、土牛膝15克、西红柿1个。

◎调味料

盐3克。

◎做 法

①猪蹄剁成块，放入沸水中汆烫，捞起用清水洗净。

②西红柿洗净，在表皮轻划数刀，放入沸水中烫到皮翻开，捞起去皮，切块。

③将备好的材料和土牛膝一起放入锅中，加适量水以大火煮开，然后转小火续煮30分钟，加盐调味即可。

【功效详解】

● 牛膝具有补益肝肾、强筋壮骨、活血通络的作用，为治疗肾虚腰痛的要药。《滇南本草》说其能"止筋骨疼，强筋舒筋，止腰膝酸麻"。用此汤治腰肌劳损，既取牛膝去恶血之力，又取牛膝补肝肾、猪蹄强筋骨之功。

骨质增生症

　　骨质增生症，指的是由于构成关节的软骨、椎间盘、韧带等软组织变性、退化，关节边缘形成骨刺，滑膜肥厚等变化，而出现骨破坏，引起继发性的骨质增生，并导致出现相应症状的一种疾病。

　　骨质增生是骨关节退行性变的一种表现，多见于膝、髋、腰椎、颈椎、肘等关节，多因外伤、劳损或肝肾亏虚、气血不足、风寒湿邪侵入骨络，以致气血瘀滞、运行失畅所致。

【 典型症状 】

颈椎骨质增生：颈背疼痛、上肢无力、手指发麻、头晕、瘫痪、四肢麻木等；

腰椎骨质增生：腰椎及腰部软组织酸痛、胀痛、僵硬与疲乏感、弯腰受限；

膝盖骨质增生：膝关节疼痛、僵硬，严重时，关节酸痛胀痛、跛行走、关节红肿。

【 家庭防治 】

避免长期剧烈运动，注意保护持重关节。适当进行体育锻炼，改善软骨的新陈代谢，减轻关节软骨的退行性改变。及时治疗关节损伤，避免骨质增生的发生。

民间小偏方 [壹]

【用法用量】取羌活、炙黄芪各15克，防风、当归、赤白芍、片姜黄各12克，苏木10克，炙甘草、生姜各6克。药材洗净以水煎服，1日1剂。

【功效】益气和营，祛风利湿。

民间小偏方 [贰]

【用法用量】取杭白芍30～60克，生甘草、木瓜各10克，威灵仙15克。药材以水煎服，1日1剂，1剂分2次服。

【功效】滋补肝肾，祛邪止痛。

【 推荐药材食材 】

青风藤

◎祛风湿、通经络，主治风湿痹痛、关节肿胀、骨质增生。

苏木

◎活血祛瘀、消肿定痛，用于治疗跌打损伤、骨质增生、破伤风、痈肿。

乳鸽

◎滋补肝肾、托毒排脓，用于治疗肾虚体弱、体力透支、心神不宁。

汤膳食疗 洋参炖乳鸽

◎原材料

乳鸽1只、西洋参40克、
山药30克、红枣5颗。

◎调味料

姜10克、盐8克。

◎做 法

①西洋参略洗，切片；山药洗净，加清
水浸30分钟；红枣洗净；乳鸽去毛和
内脏，切块。

②把全部用料放入炖盅内，加适量开
水，盖好，隔水用文火炖3小时。

③加盐调味即可。

【功效详解】

● 乳鸽是指出壳到离巢出售或留种前
一月龄内的雏鸽。其肉厚而嫩，滋养
作用较强，富含粗蛋白质和少量无机
盐等营养成分。西洋参有补气养阴、
补益肝肾之功效。此汤可治肝肾亏虚
所致骨质增生，症见肩颈不舒、头脑
胀痛、眩晕、不可转侧者。

汤膳食疗 苏木煲鸡蛋

◎原材料

苏木20克、鸡蛋2个。

◎调味料

冰糖适量。

◎做 法

①苏木洗净。

②将苏木和鸡蛋放入净锅中，加适量水
同煮。

③鸡蛋熟后去壳，继续煮至剩一碗水，
加冰糖调味即可。

【功效详解】

● 苏木有活血化瘀、缓解局部组织痉
挛的功效。此汤更能改善局部血液循
环，从而达到消肿止痛的目的，对于
各种原因引起的骨质增生均有较好
作用。

胆结石

胆结石，是指在胆管树内（包括胆囊）形成砂石样病理产物或结块，并由此刺激胆囊黏膜而引起胆囊的急慢性炎症。

依据结石发生部位不同，分为胆囊结石、肝内胆管结石、胆总管结石。由于喜静少动、不吃早餐、餐后吃零食、体质肥胖和多次妊娠等原因，女性患胆结石的概率要大于男性，育龄妇女与同龄男性的患病比率超过3∶1。胆结石属于中医"胁痛""黄疸"等范畴，主要是由肝气郁结、肝胆湿热等所致。

【典型症状】

腹痛、黄疸、发热、右上腹胀闷不适、胆绞痛、出现化脓性肝内胆管炎、肝脓肿、胆道出血等并发症。

【家庭防治】

日常膳食要保证多样化，少吃生冷、油腻、高蛋白和刺激性食物及烈酒等易助湿生热的食物，以免胆汁瘀积。平时可以多摄入低脂肪饮食，多食新鲜蔬菜、水果，有助于清胆利湿、溶解结石。

民间小偏方 [壹]

【用法用量】取金钱草30克，太子参、白芍各15克，郁金草12克，柴胡9克，蒲黄、五灵脂各6克，甘草3克。药材以水煎服，每日1剂，分2次服用。

【功效】利胆排石，益脾止痛。

民间小偏方 [贰]

【用法用量】取虎杖根、银花、金钱草、茵陈各30克，生大黄、郁金、川楝子、白芍各12克，柴胡、枳实、青皮、陈皮、元胡各10克，放入陶罐中煎水。每日1剂，分3次服用。

【功效】疏肝解郁，理气止痛。

【推荐药材食材】

玉米须

◎利尿消肿、平肝利胆，用于治疗尿路结石、胆道结石。

海金沙

◎清热解毒、利水通淋，治尿路感染、尿路结石、胆结石、肝炎。

金钱草

◎具有清热解毒、利湿退黄之功效，可用于肝胆结石。

汤膳食疗 玉米须煲肉

◎原材料

山药30克、鲜扁豆30克、玉米须30克、猪瘦肉500克、蜜枣3颗。

◎调味料

盐5克。

◎做 法

①山药洗净，浸泡1小时；鲜扁豆洗净，择去老茎。

②玉米须、蜜枣洗净；瘦肉切块，飞水。

③将清水2000毫升放入瓦煲内，煮沸后加入以上用料，武火煲滚后改用文火煲3小时，加盐调味即可。

【功效详解】

● 中医认为是湿热郁积肝胆，日久凝集成石，治宜清热利湿、疏肝理气为主。玉米须性平，味甘，能促胆汁排泄，降低其黏度，减少其胆色素含量，因而可作为利胆药。此汤适用于无并发症的慢性胆囊炎、胆汁排出障碍、胆道结石等。

汤膳食疗 粟须炖猪蹄

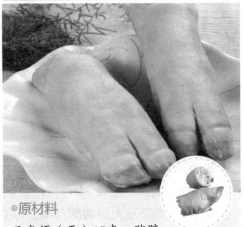

◎原材料

玉米须（干）15克、猪蹄500克。

◎调味料

生姜、葱、盐各适量。

◎做 法

①玉米须洗净，捆成一把；猪蹄洗净斩件；生姜洗净切片；葱洗净，捆把。

②锅内烧开水，放猪蹄滚去血污，捞出洗净。

③把猪蹄、玉米须、生姜片、葱放入瓦煲内，加适量清水，大火煲滚后改用文火煲1小时，加盐调味即可。

【功效详解】

● 玉米须，因其有平肝利胆之功，且药性平和，因而可作为肝胆疾病的常用保健药材。《现代实用中药》说："（玉米须）为利尿药……为胆囊炎、胆石、肝炎性黄疸等的有效药。"除了辅助治疗胆结石，此汤还可用来防治高血压、糖尿病等。

肾结石

　　肾结石是指发生于肾盏、肾盂以及输尿管连接部的结石病。在泌尿系统的各个器官中，肾脏通常是结石形成的部位。肾结石是泌尿系统的常见疾病之一，其发病率较高。

　　肾结石的发病原因有：草酸钙过高，如摄入过多的菠菜、茶叶、咖啡等；嘌呤代谢失常，如摄入过多的动物内脏、海产食品等；脂肪摄取太多，如嗜食肥肉；糖分增高；蛋白质过量等。

【 典型症状 】

不少患者没有任何症状，只在体检时发现肾结石。腰部绞痛，疼痛剧烈，呈"刀割样"，下腹部及大腿内侧疼痛。尿血、肾积水，常伴有发热、恶心、呕吐等症状。

【 家庭防治 】

养成良好的生活习惯，调整饮食结构，多吃碱性食品，改善酸性体质。适当锻炼身体，增强抗病能力。此外，运动出汗将有助于排出体内多余的酸性物质。

民间小偏方 [壹]

【用法用量】取车前草50克、金钱草30克，药材洗净装入纱布袋，放入淘米水中浸泡1小时，取药汁放入锅内，加入白砂糖，烧至沸腾停火待凉饮用。1日1次。

【功效】清热止痛、利尿排石。

民间小偏方 [贰]

【用法用量】取白茅根60克，海金沙15克，药材以水煎服，每日1次。

【功效】利尿排石，适用于泌尿系结石患者。

【 推荐药材食材 】

冬葵子

◎清热利尿、消肿，多用于尿路感染、肾结石、尿闭、口渴。

鸡胗

◎化坚、消积、健胃，可治食积胀满、呕吐反胃、遗精、结石。

黑木耳

◎对胆结石、肾结石等内源性异物有比较显著的化解功能。

汤膳食疗 菠菜煲鸡胗汤

◎原材料

鸡胗200克、菠菜150克、罗汉果50克、杏鲍菇30克。

◎调味料

姜20克、盐5克、味精3克、胡椒粉3克、油适量。

◎做 法

①鸡胗洗净,切成片;菠菜择净切段;杏鲍菇洗净,对切开;姜去皮,切片;罗汉果打碎。

②油锅烧热,下鸡胗爆香。

③锅中加入高汤,下入所有准备好的材料一起煮40分钟,调入调味料即可。

【功效详解】

● 鸡胗一般用于肾虚遗精、遗尿,还可以用于通淋化石,常见于胆结石、肾结石的治疗,多与金钱草同用。在对于肾结石的治疗中,鸡胗主要是通过清下焦湿热,来达到消除结石的目的。此汤有通淋化石之效,适合磷酸盐结石患者,然不可久服。

汤膳食疗 黑木耳红枣瘦肉汤

◎原材料

泡发黑木耳50克、红枣10颗、猪瘦肉300克。

◎调味料

盐适量。

◎做 法

①将黑木耳、红枣(去核)浸开,洗净。

②瘦肉洗净,切片。

③将黑木耳和红枣置于瓦煲内,加清水适量,文火炖开后调入瘦肉,煲至肉熟,调味即可。

【功效详解】

● 对于体内初有细小结石者,坚持每天吃1~2次黑木耳,一般疼痛、呕吐、恶心等症状可在2~4天内缓解,结石能在10天左右消失。因为黑木耳含有一种特殊物质,能促进消化道与泌尿道各种腺体分泌腺液,使结石排出。此汤适用于肾脏泥沙样结石。

肾结核

　　肾结核，是指由结核杆菌感染侵入肾脏，在肾皮质形成多发性微结核灶，当人体免疫力下降时，就会发展为肾髓质结核，即临床肾结核。

　　肾结核是泌尿系结核中最先发生的，随后由肾脏蔓延到整个泌尿系统。肾结核是一种慢性传染病，肾结核的致病菌来源于肺结核、骨关节结核、肠结核等其他器官结核。各器官结核杆菌通过血行播散、感染尿路、淋巴道播散和直接扩散累及等方式感染肾脏，当机体抵抗力下降、细菌毒力增加或局部因素等情况，就会发生肾结核病。

【典型症状】

尿频、尿失禁、尿急、尿痛、膀胱区有灼痛感觉等膀胱刺激症，血尿、脓尿、腰痛以及低热、盗汗、乏力、腹泻、腹痛、食欲减退、消瘦等全身性症状。

【家庭防治】

接种卡介苗，是预防结核病的根本措施，患有肺结核或其他结核病应及时治疗，防止扩散。肾结核患者要补充高热量及高质量蛋白质，多吃新鲜水果蔬菜，大量补充维生素A、B族维生素、维生素C、维生素D。

民间小偏方 [壹]

【用法用量】取绿茶1克，十大功劳叶10克，用冷水将十大功劳叶洗净，与绿茶共以开水冲泡大半杯，加盖10分钟后饮用。
【功效】治肾结核。

民间小偏方 [贰]

【用法用量】取鲜马齿苋1500克，黄酒1250毫升，将鲜马齿苋洗净捣烂，放入黄酒浸3～4天，纱布滤取汁，贮于瓷瓶，每天饭前饮15～20毫升。
【功效】治疗肾结核。

【推荐药材食材】

天门冬

◎养阴清热、润肺滋肾，主治阴虚内热、肺肾阴虚。

马齿苋

◎清热利湿、解毒消肿，有利水消肿、清除尘毒、杀菌消炎的作用。

龟板

◎滋阴、潜阳、补肾，主治肾阴不足、腰膝酸软、筋骨不健。

汤膳食疗 二冬生地炖脊骨

◎原材料

猪脊骨250克，天门冬、麦冬各50克，熟地、生地各100克，人参25克。

◎调味料

盐、味精各适量。

◎做　法

①天门冬、麦冬、熟地、生地、人参洗净。

②猪脊骨洗净，斩段，下入沸水中氽去血水，捞出。

③将全部用料放入炖盅内，加适量开水，盖好盅盖，隔水用文火炖约3小时，加盐、味精调味即可。

【功效详解】

● 肾阴虚是本病的基本病机，肾结核初起，肾体受损，肾阴被耗。天门冬、麦门冬均有养阴生津之效，可对症而治之；生地泻火利湿，可除因阴虚而内生的邪火。此外，生地还有抑菌、解热的作用。此汤适用于肾结核症属阴虚火旺型。

汤膳食疗 马齿苋杏仁瘦肉汤

◎原材料

马齿苋50克、杏仁100克、瘦猪肉150克。

◎调味料

盐适量。

◎做　法

①马齿苋洗净；猪瘦肉洗净，切块，飞水；杏仁洗净。

②将所有材料一起放入炖锅内，加清水适量。

③武火煮沸后改文火煲2小时，加盐调味即可。

【功效详解】

● 马齿苋有清热解毒、利水去湿、散血消肿、除尘杀菌、消炎止痛、止血凉血之效。马齿苋的乙醇浸液对大肠杆菌、痢疾杆菌、伤寒杆菌等有显著的抑制作用，有"天然抗生素"的美称。此汤可用于百日咳、肺结核、肾结核及化脓性疾病等。

膀胱结石

膀胱结石，指的是由多种原因导致在膀胱内形成的砂石样病理产物或结块，是泌尿系统常见疾病之一。

膀胱结石主要发生于男性，按病发的原因不同，可将膀胱结石分为原发性膀胱结石和继发性膀胱结石两种。原发性膀胱结石多因营养不良所致，多见于儿童。继发性膀胱结石主要来源于上路或继发于下尿路梗阻、感染、膀胱异物等因素。此外，前列腺增生、肠道膀胱扩大术、代谢性疾病和尿道狭窄等也会导致膀胱结石。

【 典型症状 】

尿流突然中断，伴剧烈疼痛，出现尿频、尿急、尿痛、排尿障碍、脓尿、血尿等症状。

【 家庭防治 】

预防上尿路结石的发生，避免、消除尿路梗塞和感染，采用药物治疗前列腺增生。平时要注意多喝水，以利于稀释尿液，降低尿内晶体浓度，冲洗尿路，防止结石形成。

民间小偏方 [壹]

【用法用量】取海金沙、金钱草各15克，车前子、茯苓、陈皮、青皮各10克，木通6克，滑石12克，琥珀末3克。需洗的药材洗净，以水煎服，每天1剂，每天2次。
【功效】适用于各尿路结石。

民间小偏方 [贰]

【用法用量】取核桃仁、蜂蜜各500克，鸡内金60克。将核桃仁、鸡内金磨成细粉，加入蜂蜜调如膏状，贮瓶备用。逐日早晚各服3汤匙，白开水调服。
【功效】溶石、排石。

【 推荐药材食材 】

金钱草

◎清热、利尿、镇咳、消肿、解毒，治膀胱结石、疟疾。

鱼脑石

◎化石、通淋、消炎，治石淋、小便不利、中耳炎、鼻炎、脑漏。

薏米

◎利水渗湿，可用于治疗小便不利、泌尿系结石等症。

田七脊骨汤

◎原材料

金钱草30克、田七10克、薏米30克、猪脊骨500克、蜜枣5颗。

◎调味料

盐5克。

◎做 法

①金钱草洗净；薏米洗净；蜜枣洗净；田七切片或打碎，浸泡1小时。

②猪脊骨斩件，洗净，飞水。

③将清水2000毫升放入瓦煲内，煮沸后加入以上用料，武火煲滚后改用文火煲3小时，加盐调味即可。

【功效详解】

● 金钱草可引起输尿管蠕动增强，尿量增加，对输尿管结石有挤压和冲击作用，促使输尿管结石排出。金钱草的乙醇不溶物中的多糖成分，对草酸钙的结晶生长有抑制作用。此汤可作为膀胱结石、胆结石、肾结石患者的常用食疗方。

山药薏米虾丸汤

◎原材料

虾丸 500克，薏米、山药、芡实各50克。

◎调味料

生姜10克、盐3克、味精2克。

◎做 法

①薏米、山药、芡实洗净；生姜洗净，切片。

②将上述材料和虾丸一起放入汤煲中，加适量水，大火煲开后改用小火煲30分钟，加盐、味精调味即可。

【功效详解】

● 薏米味甘淡，有利尿的作用，可治水肿、脚气、肾脏及膀胱结石。薏米主利水下石，而山药则填补真阴，两者相合，攻邪而不伤正气。有山药之力作原动力，薏米利水之效也会越加良好。此汤对于泌尿系统结石有一定防治作用。

尿潴留

膀胱内积有大量尿液而不能排出，称为尿潴留。引起尿潴留的原因很多，一般可分为阻塞性和非阻塞性两类。

阻塞性尿潴留的病因有前列腺增生、尿道狭窄、膀胱或尿道结石、肿瘤等疾病阻塞膀胱颈或尿道。非阻塞性尿潴留即膀胱和尿道并无器质性病变，尿潴留是由神经或肌源性因素导致排尿功能障碍引起的，如脑肿瘤、脑外伤、脊髓肿瘤、脊髓损伤、周围神经疾病以及手术和麻醉等均可引起尿潴留。

【典型症状】

慢性尿潴留：有尿频、尿不尽之感，下腹胀满不适。

急性尿潴留：膀胱胀满而无法排尿，常伴随由于明显尿意而引起的疼痛和焦虑。

【家庭防治】

流水诱导法：打开水龙头，听流水的声音，诱发尿意，使其随之排出小便，此法适用于神经官能症引起的尿潴留。

民间小偏方 [壹]

【用法用量】取黄芩、桑白皮、栀子、麦冬、茯苓、北杏仁各12克，木通10克，车前子18克，洗净以水煎服。

【功效】行瘀散结，通利水道，可治疗因尿路堵塞而引起的尿潴留。

民间小偏方 [贰]

【用法用量】食盐250克，炒热，用布包好，趁热敷在肚脐上，冷后再炒热敷。

【功效】温阳，通利水道。

【推荐药材食材】

桑白皮

◎利水消肿，有抗菌、镇痛的作用，对于尿潴留一定缓解作用。

瞿麦

◎利尿通淋、破血通经，用于治疗热淋血淋、小便不通、淋漓涩痛。

白萝卜

◎清热生津、凉血止血，主要用于治疗腹胀停食、咳嗽等症。

汤膳食疗 中药乳鸽汤

◎原材料

当归10克、桑白皮10克、
白蒺藜10克、乳鸽1只。

◎调味料

盐5克、味精3克。

◎做 法

①乳鸽去头、爪和内脏，斩成小块。

②所有中药材冲净入锅，加适量水，以
大火煮沸后转小火煮至约剩2碗水。

③乳鸽放入药汁内，用中火炖煮约1小
时，加盐、味精调味即可。

【功效详解】

● 尿潴留，其类中医之癃闭。癃闭
症属肺热壅盛证，常用桑白皮、鱼腥
草、黄芩等进行清泻肺热。桑白皮，
除了能泻肺热之外，更能通利水道。
如《药性论》说其能"利水道，消水
气"。若见小便不畅或点滴不通、咽
干、烦渴欲饮者，可用此汤治之。

汤膳食疗 萝卜海带羊排汤

◎原材料

羊排骨250克、白萝卜250
克、水发海带50克。

◎调味料

盐适量、黄酒5毫升、姜丝3克、味精
2克。

◎做 法

①羊排骨加黄酒、姜丝先熬成高汤，去
渣留汤备用。

②白萝卜、海带分别洗净，切成丝。

③羊排高汤倒入锅中烧沸，加白萝卜
丝、海带丝，煮5~10分钟，加盐、味
精调味即可。

【功效详解】

● 产妇在分娩时产程过长，膀胱和肠
道受压，出现麻痹而发生排尿困难及
尿液潴留。萝卜有通气消积、利大小
便的功效，用以治疗产后尿潴留有较
好的疗效。而且，白萝卜中的某些成
分有消炎的作用。此汤对于产后尿潴
留、便秘等症有较好的食疗效果。

尿道炎

　　尿道炎，指的是由各种致病菌引起的尿道黏膜炎症，是常见的泌尿系统疾病之一，临床上可分为急性尿道炎、慢性尿道炎、非特异性尿道炎和淋菌性尿道炎。

　　不洁性生活、尿道损伤、不注意个人卫生等因素，使细菌上行感染尿道黏膜，侵袭膀胱和肾脏，最终导致尿道炎。某些身体疾病，如扁桃体炎、鼻窦炎、龋齿、盆腔器官炎症、阑尾炎、结肠炎和皮肤感染，都会使细菌从感染病灶通过血液循环感染肾脏，引发尿道炎。

【典型症状】

男性尿道炎：尿频、尿急，尿道常有灼痛感、排尿困难。

女性尿道炎：阴道及外阴瘙痒、下腹不适、白带增多、外阴微痒、轻微灼热、小便疼痛、排尿困难。

【家庭防治】

多喝水，增加排尿次数，防止细菌在尿路繁殖。养成良好的卫生习惯，勤洗澡，经常清洗外生殖器和肛门，勤换内裤，浴巾、浴缸等洗浴用品要经常消毒。

民间小偏方 [壹]

【用法用量】取生地12克，冬葵子、车前子、萆薢、滑石、瞿麦各10克，萹蓄、木通、石苇、黄芩各6克，核桃仁、山栀各5克。药材洗净煎煮取药汁，分次服用。

【功效】清热，利湿，通淋。

民间小偏方 [贰]

【用法用量】取玉米须30克，车前子15克，甘草6克，洗净以水共煎，代茶饮。

【功效】治尿道炎。

【推荐药材食材】

通草
◎清热利尿、通气下乳，用于治疗湿温尿赤、淋病涩痛、水肿尿少。

鱼腥草

◎清热解毒，治乳腺炎、蜂窝织炎、中耳炎、肠炎、尿道炎。

萆薢

◎祛风、利湿，治风湿顽痹、腰膝疼痛、小便不利、淋浊。

汤膳食疗 通草芦根煲猪蹄

◎原材料

通草10克、芦根5克、猪
蹄500克。

◎调味料

生姜5克、盐适量。

◎做 法

①通草、芦根洗净；猪蹄刮洗干净，剖
开，斩件；生姜去皮切片。

②锅内烧水，水开后放入猪蹄块滚去表
面血迹，捞出洗净。

③全部材料一起放入瓦煲内，加适量清
水，猛火煮开后改用文火煲3小时，捞
去药渣，加盐调味即可。

【 功效详解 】

● 通草有清热利尿之效，对于非淋
菌性尿道炎引起的小便短赤或涩痛之
症，有一定缓解作用，但气味俱薄，
作用缓弱，可配芦根同用。芦根，有
渗湿利水、清热生津之效。两者与猪
蹄合而为汤，能利湿清热、利尿通
淋，可治膀胱炎、尿道炎等症。

汤膳食疗 鱼腥草绿豆猪肚汤

◎原材料

鱼腥草（干）15克、绿豆
50克、猪肚200克。

◎调味料

生姜片、盐各适量。

◎做 法

①鱼腥草、绿豆洗净；猪肚洗净，切小
方块。

②锅内烧水，水开后放入猪肚飞水，再
捞出洗净。

③将鱼腥草、绿豆、猪肚及生姜片一起
放入煲内，加入适量开水，大火烧开后
改用小火煲2小时，调味即可。

【 功效详解 】

● 《常用中草药手册》曾记载鱼腥草
能"消炎解毒，利尿消肿。治上呼吸
道感染、肺脓疡、尿路炎症及其他部
位化脓性炎症，毒蛇咬伤"。它具有
良好的清热解毒、广谱抗菌、消炎利
湿作用。此汤对细菌感染尿道引起的
尿频、尿痛等有一定疗效。

 疝气

　　疝气，指的是由于某些原因导致人体组织或器官的一部分脱离了原来的位置，通过人体间隙、缺损或薄弱部位进入另一部位。

　　疝气的类型多种多样，常见的包括脐疝、腹股沟直疝、斜疝、切口疝、手术复发疝和阴疝等。疝气的产生是内外因共同作用的结果，内因主要是先天或后天形成腹壁薄弱、缺损或孔隙；外因则多为咳嗽、喷嚏、腹部肥胖、用力过度以及手术切口愈合不良、外伤感染、腹壁神经损伤、腹壁强度退行性变等。

【典型症状】

在患病部位可以看到或摸到肿块，伴有下腹部坠胀、腹胀气、腹痛、便秘、营养吸收功能差、易疲劳和体质下降等症状。

【家庭防治】

注意调整饮食结构，可适量多吃谷物、麸皮、新鲜的水果蔬菜，少食红薯、花生、豆类等容易引起腹内胀气的食物。每天多喝水，以助于消除便秘。

民间小偏方 [壹]

【用法用量】取柚子核30克，洗净以水煎服，每日2次，连服1个月。

【功效】理气宽中，燥湿化痰，减轻疝气疼痛。

民间小偏方 [贰]

【用法用量】取荔枝核30克，小茴香10克，洗净以水煎服，每日2次。

【功效】有行气散结、止痛的功效。

【推荐药材食材】

五灵脂

◎苦泄温通、通利气脉、活血散瘀，可治心腹瘀血作痛、疝气。

小茴香

◎散寒止痛、理气和胃，用于治疗寒疝腹痛、少腹冷痛、睾丸鞘膜积液。

鲫鱼

◎具有健脾开胃、益气、利水、除湿之功效，可治脾胃虚弱所致疝气。

汤膳食疗 山药熟地瘦肉汤

◎原材料

熟地24克、山药30克、小
茴香3克、泽泻9克、猪瘦肉60克。

◎调味料

盐3克。

◎做 法

①将熟地、山药、小茴香、泽泻洗净。

②猪瘦肉洗净后切成大块。

③全部材料一起放入砂锅中，加适量水，大火煮沸后改小火煮1小时，加盐调味即可。

【功效详解】

● 小茴香性温，味辛，有行气止痛、散寒健胃之效，对于疝气有较好的缓解作用。小茴香有镇痛作用，而茴香油有不同程度的抗菌作用。此汤有行气止痛、健脾开胃功效，适用于小肠疝气、脘腹胀气、睾丸肿胀偏坠以及鞘膜积液、阴囊象皮肿等症。

汤膳食疗 铁观音煮鲫鱼

◎原材料

铁观音茶12克、鲫鱼1条
（约500克）。

◎调味料

生姜3片，生油、盐各适量。

◎做 法

①将茶叶用开水洗一遍。

②鲫鱼宰杀，去鳞、鳃及脏杂，洗净。

③把茶叶纳入鲫鱼腹内，与生姜一起放进瓦煲内，加入清水1750毫升，武火煲沸后，改文火煲约1小时，调入适量盐和少许生油便可。

【功效详解】

● 鲫鱼有健脾利湿之效，能治脾胃虚弱、纳少无力、疝气等症。民间不少验方中，都有用鲫鱼炖汤用以治疗脾虚所致小肠疝气的记载。铁观音含有多种营养成分和药效成分，具有杀菌消炎止痛的作用。此汤对于小肠疝气有一定防治作用。

汤膳食疗 茴香炖雀肉

◎原材料

麻雀3只、小茴香、肉桂、胡椒各20克、杏仁15克。

◎调味料

盐少许。

◎做 法

①麻雀去内脏、脚爪,洗净。

②小茴香、肉桂、胡椒、杏仁包入纱布。

③麻雀、纱包放入汤煲中,加沸水适量,文火炖2小时,调味供用。

【功效详解】

● 小茴香,具有温阳散寒、理气止痛的作用,可用于寒疝腹痛。刘若金说"茴香之主治在疝证",并对此进行了专门的论证。民间也有用小茴香等药材烤麻雀治疗疝气的偏方。此汤对于疝气有较好的食疗功效,尤长于治疗寒疝。

汤膳食疗 草菇鲫鱼汤

◎原材料

丝瓜250克、豆腐200克、草菇80克、鲫鱼400克。

◎调味料

花生油10毫升、姜2片、盐5克。

◎做 法

①丝瓜洗净,切块;豆腐冷冻30分钟;草菇洗净,在顶部用刀划十字,飞水。

②鲫鱼去鳃、鳞、肠脏,洗净;烧锅下花生油、姜片,将鲫鱼两面煎至金黄色,加入沸水,煲30分钟后,加豆腐、草菇、丝瓜,滚至材料熟,调味即可。

【功效详解】

● 鲫鱼有健脾利湿之功,可治因脾虚所致的疝气。《生生编》中有用鲫鱼治疗疝气的记载。此汤中的丝瓜对于疝气也有一定预防作用,尤以老丝瓜为佳。此汤有健脾通络、清热止痛之功,对于肠疝气有一定缓解作用。

第五章

妇科疾病食疗好汤膳

月经过多

月经过多是连续数个月经周期中月经期出血量多，但月经间隔时间及出血时间皆规则，无经间出血、性交后出血或经血的突然增加。常见的有气虚、血热和血瘀引起的月经过多。

【典型症状】

正常的月经出血应为20～60毫升，超过80毫升为月经过多。以卫生巾的用量估计，正常的用量是平均一天换四五次，每个周期不超过两包（每包10片计）。假如用3包卫生巾还不够，而且差不多每片卫生巾都是湿透的，就属于经量过多。

【家庭防治】

在经期到来前三天，可以根据自己的情况来决定运动形式，以较为轻柔、舒缓、放松、拉伸的运动为主，如冥想瑜伽、稳迈舒运动按摩、初级的形体操，或只是在家做一些简单的伸展动作，这些都可以缓解月经过多。

民间小偏方 [壹]

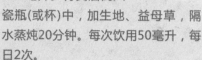

【用法用量】生地黄6克，益母草10克，黄酒200毫升。将黄酒倒入瓷瓶(或杯)中，加生地、益母草，隔水蒸炖20分钟。每次饮用50毫升，每日2次。

【功效】对血瘀所致的月经过多有明显治疗作用。

民间小偏方 [贰]

【用法用量】鸡冠花15～30克，鸡蛋2个。

加水2碗将鸡冠花与鸡蛋同煮，鸡蛋熟取出去壳，放回锅里再煮至汤液1碗，吃蛋喝汤，每日1次，连服3～4次。

【功效】治疗血热引起的月经过多。

【推荐药材食材】

小蓟	鸡冠花	藕节
◎具有凉血、祛瘀、止血的功效，常用于治疗热证出血，尤其是血淋和月经过多。	◎鸡冠花以花和种子入药，有凉血止血的功效，主治子宫出血、经水不止等。	◎味涩，能收敛、止血、散瘀，适用于各种出血症状。

汤膳食疗 藕节萝卜排骨汤

◎原材料

藕节200克、胡萝卜150克、猪排骨500克。

◎调味料

生姜5克、盐5克。

◎做 法

①藕节刮去须、皮，洗净，切滚刀块；胡萝卜洗净，切块；生姜洗净，切片。

②猪排骨斩件，洗净，飞水。

③将清水2000毫升放入瓦煲内，煮沸后加入以上用料，武火煲滚后改用文火煲3小时，加盐调味即可。

【 功效详解 】

●藕节具有缩短出血和凝血时间等药理作用。味涩，能收敛、止血，适用于各种出血症状，对吐血、咯血的疗效尤其显著。因藕节的药力较缓和，故常用来辅佐其他药材，入复方使用。因为藕节的收涩作用较好，此汤也可用作月经过多的食疗汤膳。

汤膳食疗 藕节生地排骨汤

◎原材料

藕节50克、生地30克、泡发黑木耳15克、猪排骨500克、蜜枣3颗。

◎调味料

盐5克。

◎做 法

①藕节刮去须、皮，洗净。

②生地、黑木耳洗净；猪脊骨斩件，洗净，氽水；蜜枣洗净。

③将清水2000毫升放入瓦煲内，煮沸后加入以上材料。

④武火煲沸后，改用文火煲3小时，加盐调味。

【 功效详解 】

●藕节性凉，血热的人宜用，而经过大火翻炒至表面呈炭黑色的藕节炭，则能增强收敛止血的效果。再加上生地的凝血作用，二者同用，可快速止血，对于月经过多的病症，食疗作用明显。

月经过少

月经周期基本正常，经量明显减少，甚至点滴即净，或经期缩短不足两天，经量也少者，均称为"月经过少"，属月经病。月经过少的病因病理有虚有实，虚者多因素体虚弱、大病、久病、失血或饮食劳倦伤脾，或房劳伤肾，而使血海亏虚，经量减少；实者多由瘀血内停，或痰湿壅滞，经脉阻滞，血行不畅，经血减少。

【典型症状】

血虚型：月经量少或点滴即净，色淡，头晕眼花，心悸无力，面色萎黄、下腹空坠。舌质淡，脉细。

肾虚型：经少色淡，腰酸膝软，足跟痛，头晕耳鸣，尿频。舌淡，脉沉细无力。

血瘀型：经少色紫，有小血块，小腹胀痛拒按，血块排出后痛减。舌紫暗，脉涩。

痰湿型：月经量少，色淡红，质黏腻如痰，形体肥胖，胸闷呕恶，带多黏腻。舌胖，苔白腻，脉滑。

【家庭防治】

平时应多吃含有铁和滋补性的食物。补充足够的铁质，以免发生缺铁性贫血。多吃乌骨鸡、羊肉、鱼子、青虾、对虾、猪羊肾脏、淡菜、黑豆、海参、胡桃仁等滋补性的食物，可以有效缓解经量过少的状况。

民间小偏方 [壹]

【用法用量】益母草60克，红枣30克，鸡蛋10只，共煮，喝汤，吃红枣与鸡蛋（服量以舒服为度）。

【功效】用于精血不足挟瘀者。

民间小偏方 [贰]

【用法用量】三棱30克，莪术15克，红枣30克，水煎，分2天服，每天服2次，每次50毫升。

【功效】用于血瘀者。

【推荐药材食材】

益母草

◎可活血祛瘀、调经、利水，治月经不调、产后血晕、瘀血腹痛等。

乌鸡

◎补肝肾、益气血、退虚热。用于治疗阴虚潮热、消渴、带下、久病等症。

猪肝

◎补虚损、明目补血，是最常用的补血食物。

汤膳食疗 益母草鸡汤

◎原材料

公鸡肉500克、红花6克、月季花6克、益母草15克。

◎调味料

盐5克、麻油5毫升、冰糖适量、姜片5克。

◎做 法

①先将红花、月季花、益母草投入砂锅，加适量清水，用文火煲30分钟；除渣取汁。

②公鸡肉斩块，放入汤锅中，加姜片，倒入药汁，以文火煲至肉烂为止。

③调入盐和冰糖，食用时淋麻油即可。

【功效详解】

●益母草性凉，味辛、苦，《本草拾遗》中曾提及"益母草入药，令人皮肤光泽"，故此汤还有改善色斑、粉刺的美容功效。加红花、月季活血，让此汤既可滋养容颜，还能调理经血，补中益气。

汤膳食疗 益母草煲鸡蛋汤

◎原材料

益母草20克、鸡蛋3个。

◎调味料

生姜、盐、食用油各适量。

◎做 法

①将益母草洗净；生姜洗净，拍破。

②炒锅里放适量食用油，打入鸡蛋煎至两面微黄，捞出，沥干油。

③将煎好的鸡蛋和益母草、生姜一起放入瓦煲内，加适量清水，猛火煮开，再改中火煮15分钟，捞去药渣，调味即可。

【功效详解】

●益母草活血调经，用于血滞经闭、痛经、经行不畅，产后恶露不尽、瘀滞腹痛等症。加鸡蛋同煮，调理作用更明显。若是加入红糖，还可抵消益母草的寒性，增添暖宫散寒的作用。但是气血虚者不宜过多食用。

汤膳食疗 黑木耳红枣猪蹄汤

◎原材料

黑木耳20克、红枣5颗、猪蹄300克。

◎调味料

盐5克、麻油适量。

◎做 法

①黑木耳泡发，洗净；红枣去核，洗净。

②猪蹄去净毛，斩件，洗净后氽水。

③炒锅置火上，将猪蹄干爆5分钟。

④在瓦煲内加清水2000毫升，烧沸后放入以上所有材料，大火煲开后改用小火煲3小时，加盐、麻油调味即可。

【功效详解】

●黑木耳具有补血止血、滋阴润燥的功效；红枣富含钙和铁，能防治女性贫血，补中益气，促进血液循环；猪蹄可养血通乳。三种食材同煮食用，能调养经血，还可有效缓解贫血，滋润皮肤，让面容更有光泽。

汤膳食疗 当归黄芪乌鸡汤

◎原材料

当归10克、黄芪15克、板栗200克、乌鸡1只。

◎调味料

盐10克。

◎做 法

①板栗放入沸水中煮5分钟，捞起剥去膜，用水洗净；当归、黄芪洗净备用。

②鸡肉剁块，氽烫后用冷水洗净。

③将板栗、鸡肉、当归、黄芪放入汤煲内，加水至盖过材料，以大火煮开，转小火炖煮30分钟，加盐调味即可。

【功效详解】

●当归补血和血、调经止痛，能抗贫血，可治月经不调；黄芪补养气血；乌鸡能滋养肝肾，养血益精，调养充任。三者同用，小火慢炖后常食，可温中和胃、缓解月经过少的症状。但过多食用易生痰助火。

汤膳食疗 灵芝乌鸡汤

◎原材料

灵芝20克、红枣10颗、
乌鸡1只（约500克）。

◎调味料

生姜5克、盐少许。

◎做 法

①乌鸡杀洗干净，去毛、内脏，切块。

②红枣、灵芝、生姜洗净，红枣去核，
生姜去皮、切片。

③将所有材料放入炖盅内，加冷开水，
盖上炖盅盖，放入锅内，隔水炖4小
时，加盐调味即可饮用。

【功效详解】

●此汤补血益阴，则虚劳羸弱可
除，阴回热去，则津液自生，渴自
止矣。阴平阳秘，表里固密，邪恶
之气不得入。益阴，则冲、任、带
三脉俱旺，故能除崩中带下一切虚
损诸疾也。

汤膳食疗 红枣鸡蛋汤

◎原材料

红枣10颗、鸡蛋2个。

◎调味料

盐5克。

◎做 法

①红枣洗净，沥干待用；鸡蛋煮熟，去
壳待用。

②将红枣和鸡蛋放入开水锅中，水量可
以稍多一点。

③小火熬煮2～3小时。

④熬好后可饮用红枣水、吃鸡蛋。

【功效详解】

●红枣可补血养颜、益气强身；鸡蛋
能滋阴润燥、养血安胎。二者同食能
缓解月经过少。熬煮后的红枣已无味
道，可不食用，但是鸡蛋食用后效果
较好，虽然比较甜，但也不会导致发
胖，月经过少的女性可常食。

经期延长

　　月经周期基本正常，行经时间超过7天以上，甚或淋漓半月方净者，称为"经期延长"。有称"月水不断""经事延长"等。多由气虚冲任失约，或热扰冲任、血海不宁，或瘀阻冲任，血不循经所致，临床常见有气虚、血热、血瘀等。

【典型症状】

气虚型：经行时间延长，量多，经色淡红，质稀，肢倦神疲，气短懒言，面色㿠白，舌淡，苔薄，脉缓弱。

血热型：经行时间延长，量少，经色鲜红，质稠，咽干口燥，潮热颧红，手足心热，大便燥结，舌红，苔少，脉细数。

血瘀型：经行时间延长，量或多或少，经色紫黯有块，经行小腹疼痛拒按，舌紫黯或有小瘀点，脉涩有力。

【家庭防治】

在经期避免重体力劳动和剧烈运动，注意外阴卫生，调畅情志，避免七情过极。

民间小偏方 [壹]

【用法用量】用鸡蛋2个，各打开一个孔，将白胡椒粒平均装入2个孔内，根据患者虚岁年龄，一岁装一粒，然后用纸将口封住，放在柴灶中烧熟，剥皮后一次吃下。连吃3天。期间忌食辛辣食物，忌生气。

【功效】可治疗月经淋漓不断。

民间小偏方 [贰]

【用法用量】黑木耳50克，荆芥炭10克，红糖250克。黑木耳炒焦，与荆芥炭混研成粉，红糖亦用铁锅炒至微焦备用。每次取药粉5克，红糖炭20克，用开水冲泡小半碗，待温空腹服，每日3次，连服3天。

【功效】可治疗经量多或月经淋漓不断。

【推荐药材食材】

升麻

◎具有升举透发、清热解毒的功效，可升阳发表。

生地

◎具有滋阴清凉、凉血补血的功效，可治吐血、血崩、月经不调等症。

牡蛎

◎具有敛阴、潜阳、止汗、涩精、化痰的功效，可用来治疗崩漏、带下等症。

双麻猪肠汤

◎原材料

黑芝麻100克、升麻15克、猪肠200克。

◎调味料

黄酒、盐、葱、生姜各适量。

◎做　法

①黑芝麻、升麻洗净；猪肠用粗盐擦洗干净，放入开水中稍烫，再用冷水冲洗干净；葱、姜洗净，葱切段，姜切片。

②将黑芝麻、升麻放入猪肠内，两头扎紧，放入砂锅里，加葱、姜、黄酒及适量清水，武火煮沸后改文火煲3小时，加盐调味即可食用。

【 功效详解 】

●升麻有生用、蜜炒两种方式，生用疏风解热的效果较好，蜜炒在升举阳气方面的效果较好。黑芝麻含有丰富的铁和维生素E，有预防贫血的作用。加猪肠同煮，可祛风、调理气血，能缓解经期延长的病症。

二冬骶骨汤

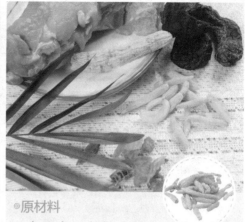

◎原材料

天冬15克、麦冬15克、熟地25克、生地25克、人参10克、猪骶骨200克。

◎调味料

盐适量。

◎做　法

①麦冬、天冬、熟地、生地、人参洗净。

②麦冬、人参切薄片；猪骶骨洗净，斩段。

③全部用料放入炖盅内，加适量开水，炖盅加盖，文火隔水炖3小时，用盐调味即可。

【 功效详解 】

●生地性凉，味甘、辛，微苦，可清热凉血、养阴生津，用于热病舌绛烦渴、阴虚内热、吐血、衄血等症。麦冬养阴生津、润肺清心，与生地同用，可补血补气、调经养血，常食能缓解月经不调的症状。

汤膳食疗 生地松子瘦肉汤

◎原材料

生地30克、松子30克、红枣6颗、枸杞15克、玉竹15克、猪瘦肉150克。

◎调味料

盐适量。

◎做 法

①生地、红枣、枸杞、玉竹洗净，沥干水分备用。

②猪瘦肉洗净，切件；松子去壳取仁。

③砂锅内加适量清水，猛火煲至水滚，然后加入全部材料，改用中火继续煲2小时，用盐调味即可。

【 功效详解 】

●生地性凉，多用于清热凉血；熟地性温，多用于补血滋阴，可依据身体所需，选择生地或熟地制作药膳汤。在使用生地时，过多服用会影响消化功能，为防其腻滞，可酌情添加枳壳或砂仁。与松子、瘦肉同煮，性味更温和，效果更显著。

汤膳食疗 苁蓉炖牡蛎

◎原材料

肉苁蓉10克、牡蛎肉250克、鸡肉100克、胡萝卜50克。

◎调味料

酒10毫升、生姜5克、葱5克、精盐3克、味精3克、鸡油25克、胡椒粉3克。

◎做 法

①肉苁蓉洗净，润透切片；牡蛎肉洗净，切片；鸡肉、胡萝卜洗净，切块；姜拍松；葱切段。

②将所有材料放入炖锅内，加适量水，用武火烧沸后改用文火炖50分钟，调味即可。

【 功效详解 】

●牡蛎肉味甘，性温、无毒，有滋阴养血的作用，可治烦热失眠、心神不安以及丹毒等。加肉苁蓉、鸡肉同煮，性味温和，可强身，亦可滋阴，能调理气血，治疗女性带下病或月经失调等症。

痛经

痛经是指妇女在经期及其前后，出现小腹或腰部疼痛，甚至痛及腰骶。每随月经周期而发，严重者可伴恶心呕吐、冷汗淋漓、手足厥冷，甚至昏厥，给工作及生活带来影响。目前临床常将其分为原发性和继发性两种，原发性痛经多指生殖器官无明显病变者，故又称功能性痛经，多见于青春期、未婚及已婚未育者。此种痛经在正常分娩后疼痛多可缓解或消失。继发性痛经多因生殖器官有器质性病变所致。

【典型症状】

主要表现为妇女经期或行经前后，周期性发生下腹部胀痛、冷痛、灼痛、刺痛、隐痛、坠痛、绞痛、痉挛性疼痛、撕裂性疼痛，疼痛延至骶腰背部，甚至涉及大腿及足部，常伴有全身症状。

【家庭防治】

仰卧在床上，先将两手搓热，然后两手放在腹部偏下位置，先从上到下按摩60～100次，再由左至右按摩60～100次，最后转圈按摩60次即可缓解，腹部皮肤红润最好，每日早晚各一次，可以有效改善痛经症状。

民间小偏方[壹]

【用法用量】生姜25克，红枣30克，花椒100克。将生姜去皮后洗净切片，红枣洗净去核，与花椒一起装入瓦煲中，加水1碗半，用小火煎剩大半碗，去渣留汤。每日1剂。
【功效】具有温中止痛的功效。

民间小偏方[贰]

【用法用量】红花200克，低度酒1000毫升，红糖适量。红花洗净，与红糖同装入洁净的纱布袋内，封好袋口，放入酒坛中，加盖密封，浸泡7日即可饮用。每日1～2次，每次饮服20～30毫升。
【功效】具有活血通经的功能。

【推荐药材食材】

玫瑰花

◎具有理气解郁、和血散瘀的功效，可治月经不调、赤白带下等症。

艾叶

◎具有理气血、逐寒湿、温经的功效，可治心腹冷痛、下血、月经不调等症。

吴茱萸

◎具有温中止痛、理气燥湿的功效，主治经行腹痛。

汤膳食疗 枸杞鸡肝汤

◎原材料

银耳8克、枸杞4克、鸡肝2个、玫瑰花10克。

◎调味料

盐、米酒各适量，姜2片。

◎做 法

①银耳泡开，挑去杂质，撕成小片；玫瑰花冲洗干净，去蒂。

②鸡肝洗净切薄片，用米酒、姜片腌拌。

③锅中加适量清水，加入银耳、枸杞烧开，撇去浮沫，放入腌好的鸡肝煮熟，加盐调味，盛起时撒上玫瑰花即可。

【功效详解】

●玫瑰花既能活血散滞，又能解毒消肿，因而能消除因内分泌功能紊乱而引起的面部暗疮等症，长期服用，美容效果甚佳，能有效地清除自由基，消除色素沉着。与枸杞、鸡肝搭配，活血理气，能有效缓解痛经症状。

汤膳食疗 玫瑰瘦肉汤

◎原材料

玫瑰花10克、白菜250克、丝瓜300克、猪瘦肉500克、红枣10克。

◎调味料

姜片、盐各适量。

◎做 法

①将玫瑰花洗净；白菜洗净后切段；丝瓜去皮切件；红枣洗净；猪瘦肉洗净后切块。

②锅内烧开水，放入瘦肉飞水，再捞出洗净。

③将玫瑰花、红枣、生姜、白菜、丝瓜、瘦肉放入煲内，加入适量开水，大火烧开后，改用小火煲1小时，调味即可。

【功效详解】

●玫瑰花对治疗月经病有独特疗效，加瘦肉同食，温中和胃，理气解郁。亦可治妇女月经过多，病情较轻浅者，配益母草，水煎服。日常生活中，直接用玫瑰花制作花茶饮用，也可调理月经病，还能美容养颜。

女性更年期综合征

女性更年期综合征也是"绝经期综合征"，是由雌激素水平下降而引起的一系列症状。更年期妇女，由于卵巢功能减退，垂体功能亢进，分泌过多的促性腺激素，引起植物神经紊乱而引起的一系列症状。宜选用具有补充雌激素作用的中药材和食材，如豆类、奶类、坚果类、女贞子、杜仲、枸杞等。

【典型症状】

其主要的临床表现为四肢乏力、失眠忧郁、情绪不稳定、心悸胸闷、性交不适、出汗潮热、月经紊乱、体重增加、肌肉疼痛、血压升高、面部出现皱纹等等。

【家庭防治】

取卵巢（也称皮质下）、内分泌、肝、肾上腺、交感、子宫、神门穴，将中药王不留行籽粘贴穴位处。

民间小偏方[壹]

【用法用量】取地骨皮10克，当归10克，五味子6克，一起入锅煎汁，滤渣取汁，加入适量白糖搅匀饮用。

【功效】有清血热、敛汗的功效，适合绝经期妇女饮用。

民间小偏方[贰]

【用法用量】取灵芝9克、蜜枣8颗一起放入砂锅中，加水烧沸，转小火续煮10分钟，捞起灵芝丢弃，留蜜枣及汁，加入蜂蜜，搅匀即可，吃枣喝汁，每日早、晚各1杯。

【功效】有宁心安神、养血补虚的功效，适合绝经期妇女饮用。

【推荐药材食材】

地骨皮

◎具有清热凉血的功效，可治虚劳、潮热、盗汗等症。

灵芝

◎具有补气安神、止咳平喘的功效，用于眩晕不眠、心悸气短、虚劳咳喘等症。

黄豆

◎具有宽中下气、益气健脾的功效，可主治脾气虚弱、消化不良等症。

汤膳食疗 党参灵芝瘦肉汤

◎原材料

党参30克、灵芝20克、

猪瘦肉500克、蜜枣4颗。

◎调味料

盐5克。

◎做 法

①党参、灵芝洗净，浸泡。

②猪瘦肉洗净，切块，汆水；蜜枣洗净。

③瓦煲内加适量清水，煮沸后加入以上材料，大火煲开后改用小火煲3小时，加盐调味即可。

【功效详解】

●女性更年期极易心血不足、心神不能，而灵芝有补心血、益心气、安心神的作用，故更年期的女性可以多食。党参性味温和，可补中益气、健脾益肺。二者同食，补脾益气，能舒缓更年期的郁结症状。

汤膳食疗 灵芝猪心汤

◎原材料

猪心1个、灵芝20克。

◎调味料

姜片适量、盐5克、麻油少许。

◎做 法

①将猪心剖开，洗净，切片；灵芝去柄，洗净，切碎。

②猪心、灵芝同放于大瓷碗中，加姜片、精盐和清水300毫升，盖好盖。

③隔水蒸至熟烂，下盐、麻油调味即可。

【功效详解】

●灵芝性温，味淡、苦，其多糖成分的免疫调节作用能够促进核酸、蛋白质的合成代谢，促进抗氧化自由基活性及延长体内代谢细胞的分裂时间等，能够有效抵抗衰老，还可以补益肺气、止咳平喘。加猪心同煮，更可缓解女性更年期症状。

汤膳食疗 黄豆猪骨汤

◎原材料

水发黄豆90克、蚝豉60克、猪脊骨250克。

◎调味料

盐适量。

◎做 法

①将水发黄豆、蚝豉洗净；猪脊骨洗净，斩件。

②把全部材料一起放入锅内，加适量清水，武火煲沸后转文火煲2小时至猪骨熟，加盐调味即可。

【 功效详解 】

●黄豆具有健脾益胃、美容抗癌的功效，其中所含的各种矿物质对缺铁性贫血有益，而且能促进激素分泌和新陈代谢，能补充雌性激素，尤其适合更年期的女性食用，加猪骨同煮，效果更明显。黄豆也可以榨汁做成豆浆，营养功效也不会减少。

汤膳食疗 海带黄豆汤

◎原材料

海带50克、黄豆50克。

◎调味料

盐5克、味精2克、葱15克。

◎做 法

①海带洗净，切成丝；黄豆用温水泡8小时，捞出；葱择后洗净，切花。

②锅中加适量水，烧沸，下黄豆煮至熟烂，调入盐。

③加海带丝煮至入味，撒上葱花，调入味精即可。

【 功效详解 】

●黄豆可令人长肌肤、益颜色、填精髓，是适宜虚弱者食用的补益食品，具有益气养血、健脾宽中、健身宁心、下利大肠、润燥消水的功效。海带性味咸寒，具有软坚、散结的功效，二者同食，对女性更年期产生的郁结有很好的消解作用。

闭经

闭经是指从未有过月经或月经周期已建立后又停止的现象。年过18岁尚未来经者称原发闭经，月经已来潮又停止6个月或3个周期者称继发闭经。中医也将闭经称为经闭，多由先天不足、体弱多病、精亏血少或脾虚生化不足，情态失调，气血郁滞不行等引起。

【典型症状】

肾虚精亏型闭经：月经初潮较迟，经量少，色淡红，渐至经闭，眩晕耳鸣，腰膝酸软，口干，手足心热，或潮热汗出，舌淡红少苔，脉弦细或细涩。

气血虚弱型闭经：月经后期，经量少，色淡，渐至经闭，头晕乏力，面色不华，健忘失眠，气短懒言，毛发、肌肤缺少光泽，舌淡，脉虚弱无力。

气滞血瘀型闭经：经期先后不定，渐至或突然经闭，胸胁、乳房、小腹胀痛，心烦易怒，舌暗有瘀点，脉弦涩。

痰湿凝滞型闭经：月经后期，渐至经闭，形体肥胖，脘闷，倦怠，食少，呕恶，带下量多色白，舌苔白腻，脉弦滑。

【家庭防治】

点揉三阴交穴，左右各按5分钟，能引血下行。也可点按血海穴，左右各按5分钟，使血行顺畅。

民间小偏方 [壹]

【用法用量】党参12克，茯苓9克，白术9克，当归9克，桂枝9克，川芎9克，熟地15克，鸡血藤15克，制附块6克，干姜6克，炙甘草6克。水煎服，每日1剂，日服3次。
【功效】调补气血，健脾益肾。

民间小偏方 [贰]

【用法用量】柴胡9克，当归9克，川芎9克，香附9克，延胡索9克，桃仁9克，红花9克，赤芍12克，生地12克，青皮6克。水煎服，每日1次。
【功效】疏肝解郁，利气调经。

【推荐药材食材】

香附

◎香附广泛应用于气郁所致的疼痛，尤其是妇科痛症。

鳖甲

◎养阴清热、平肝熄风、软坚散结，治阴虚风动、经闭经漏等症。

白扁豆

◎健脾化湿、和中消暑，用于治疗脾胃虚弱、白带过多等症。

汤膳食疗 红枣鳖甲汤

◎原材料

红枣10颗、鳖甲50克。

◎调味料

食醋5毫升、白糖适量。

◎做 法

①将鳖甲洗净，拍碎。

②红枣洗净。

③所有材料共入锅中，加适量水慢炖1小时，最后加入白糖、食醋稍炖即成。

【 功效详解 】

●鳖甲有滋养肝阴的作用，含动物胶、角蛋白、碘质、维生素D等，亦可养血安神。尤其适宜脾胃虚弱、中气不足、体倦乏力、贫血萎黄的人食用。加红枣同煮，药借食力，食助药威，对闭经症状有缓解作用。

汤膳食疗 海带鳖甲猪肉汤

◎原材料

水发海带120克、鳖甲60克、猪瘦肉200克。

◎调味料

葱、姜、胡椒粉、盐、味精各适量。

◎做 法

①把鳖甲尽量弄成小碎块备用；猪瘦肉切成小块，放进沸水中汆一下。

②水发海带洗净；姜切成片；葱切成段。

③将所有原材料和葱姜倒入盛有热水的砂锅中，用武火煮沸后改小文火，再煮1个半小时，加入胡椒粉、盐、味精，搅拌均匀即可。

【 功效详解 】

●鳖甲性寒，味咸，有滋肾潜阳、软坚散结的功效，主治骨蒸劳热、疟母、胁下坚硬、腰痛、经闭症瘕等症。闭经的女性，常喝鳖甲汤，能滋阴活血，但脾胃虚寒及食少便溏者不适宜食用鳖甲。

乳腺炎

乳腺炎是指乳腺的急性化脓性感染，是产褥期的常见病，是引起产后发热的原因之一，最常见于哺乳期妇女，尤其是初产妇。

【典型症状】

在开始时患侧乳房胀满、疼痛，哺乳时尤甚，乳汁分泌不畅，乳房结块或有或无，食欲欠佳，胸闷烦躁等。然后，局部乳房变硬，肿块逐渐增大。常可在4～5日内形成脓肿，可出现乳房搏动性疼痛，局部皮肤红肿、透亮。

【家庭防治】

可采用按摩的方式治疗。操作前清洗双手、修剪指甲，病人平卧，涂抹润滑油（可用橄榄油），轻拉乳头数次，一手托起乳房，另一手拇指与其余四指分开，五指屈曲，拇指指腹由乳根部顺乳管走向向乳晕方向呈螺旋状推进，另一手食指于对侧乳晕部配合帮助乳汁排出。注意拇指着力点在于向前推进，而不是向下压。两手要轻柔，避免顶触乳房增加病痛。根据病情，每日1～3次，每次30分钟，每侧15分钟。

民间小偏方 [壹]

【用法用量】粳米100克，蒲公英50克，将蒲公英煎水取汁，加粳米煮粥，每日分服。
【功效】对乳腺炎溃破后脓尽余热未清者，有显著功效。

民间小偏方 [贰]

【用法用量】葱须不限量、枯矾少许，将葱须洗净，切碎放入枯矾同捣为泥，捏成黄豆大小丸，每服4丸，每日2～3次，服后微发汗。
【功效】治乳疬，具有消肿散瘀、行气活血的作用。

【推荐药材食材】

白蒺藜

◎具有平肝解郁、活血祛风的功效，主治胸胁胀痛、乳房胀痛等。

红豆

◎具有和血排脓、消肿解毒的功效，可治水肿、痈肿等症。

丝瓜

◎具有清热化痰、凉血解毒的功效，主治乳汁不通、痈肿等症。

汤膳食疗 冬瓜红豆生鱼汤

◎原材料

冬瓜、生鱼各500克，红豆30克，蜜枣3颗。

◎调味料

花生油10毫升、姜2片、盐5克。

◎做　法

①冬瓜连皮洗净，不用去皮、瓤，切成块状；红豆洗净，浸泡1小时；蜜枣洗净。

②生鱼去鳞、鳃、内脏；锅烧热下花生油、姜片，将生鱼两面煎至金黄色。

③将清水放入瓦煲内，煮沸后加入以上材料，武火煲开后用文火煲3小时，调味即可。

【 功效详解 】

●红豆，味甘，性平，不仅是美味可口的食品，而且是医家治病的妙药。《神农本草经》说它"主治下水肿，排痈肿脓血"。《药性本草》说"治热毒、散恶血"。医家通过临床实践，认为它对痈肿有特殊疗效，因此此汤适用于乳腺炎。

汤膳食疗 丝瓜香菇鱼尾汤

◎原材料

丝瓜320克、草鱼200克、香菇（干）50克。

◎调味料

生姜片、盐、花生油各适量。

◎做　法

①丝瓜去皮洗净，切片；香菇泡发，洗净；草鱼宰杀，剁下鱼尾洗净，抹干，用盐腌片刻。

②烧热锅，下油烧热，爆香姜，放下鱼尾，煎至两面黄色铲起待用。

③锅中加入适量水烧滚，放下鱼尾煮约10分钟，下丝瓜、香菇煮熟，下盐调味即成。

【 功效详解 】

●丝瓜除了能凉血解毒、通利下水、缓解炎症之外，还能保护皮肤、消除斑块。女士多吃丝瓜还对调理月经不顺有帮助。但体虚内寒、腹泻者不宜多食丝瓜。常饮此汤，不仅能缓解乳腺炎，还可美容养颜。

乳腺增生

乳腺增生症是正常乳腺小叶生理性增生与复旧不全，乳腺正常结构出现紊乱，属于病理性增生，它是既非炎症又非肿瘤的一类病。在青春期或青年女性中，经前有乳房胀痛、有时疼痛会波及肩背部，经后乳房疼痛逐渐自行缓解，仅能触到乳腺有些增厚，无明显结节，这些是属于生理性的增生，不需要治疗。

【典型症状】

最明显的症状是乳房疼痛。乳房疼痛常于月经前数天出现或加重，行经后疼痛明显减轻或消失。疼痛亦可随情绪变化、劳累、天气变化而波动。这种与月经周期及情绪变化有关的疼痛是乳腺增生病临床表现的主要特点。

【家庭防治】

左手上举或叉腰，用右手检查左乳，以指腹轻压乳房，触摸是否有硬块，由乳头开始做环状顺时针方向检查，触摸时手掌要平伸，四指并拢，用食指、中指、无名指的末端指腹按顺序轻抚乳房的外上、外下、内下、内上区域，最后是乳房中间的乳头及乳晕区。

民间小偏方 [壹]

【用法用量】将250毫升左右的食用醋倒入铝锅中，取新鲜鸡蛋1~2个打入醋里，加水煮熟，吃蛋饮汤，1次服完。
【功效】可治疗乳腺增生。

民间小偏方 [贰]

【用法用量】皂刺、陈皮、水八角各15克，木莲藤、白蒺藜花、炮山甲各30克，昆布、海藻各10克，龙衣5克，共研细粉，加水搓为绿豆大小的药丸。每次服5克，每日2次，以黄酒100毫升冲服。
【功效】可治疗乳腺增生。

【推荐药材食材】

荔枝核

◎性温，味甘、微苦，有行气散结、祛寒止痛的功效。

西蓝花

◎补骨髓、润脏腑、清热止痛，主治久病体虚、肢体痿软等症。

瓜蒌

◎具有清热涤痰、宽胸散结的作用，用于乳痈、肺痛、肠痈肿痛等症。

汤膳食疗 腊肉花菜汤

◎原材料

花菜200克、腊肉500克、土豆150克、山楂10克、麦冬8克。

◎调味料

盐8克、黑胡椒粉6克。

◎做 法

①山楂、麦冬放入棉布袋，置入清水锅中煮沸，滤取药汁。花菜洗净，剥成小朵；土豆去皮，洗净，切小块；腊肉洗净，切小丁。

②花菜和土豆放入锅中，倒入药汁以大火煮沸，转小火续煮15分钟至土豆变软，加入腊肉及调味料，添入适量开水，待再次煮沸后关火即可食用。

【 功效详解 】

● 花菜的维生素C含量极高，不但有利于人的生长发育，更重要的是能提高人体免疫功能，促进肝脏解毒，增强人的体质，增加抗病能力，提高机体免疫功能，更可分解人体内的致癌物质。此汤可缓解乳腺炎症，避免乳腺癌症的发生。

汤膳食疗 黄芪蔬菜汤

◎原材料

黄芪15克、西蓝花300克、西红柿200克、香菇20克。

◎调味料

盐5克。

◎做 法

①西蓝花切小朵，洗净；西红柿洗净，在外表轻划数刀，入沸水中汆烫至皮翻起，捞出剥去外皮，切块；香菇泡发洗净，切块。

②黄芪加1200毫升水煮开，转小火煮10分钟，再加入西红柿和香菇续煮15分钟。

③最后加入西蓝花，转大火煮熟，加盐调味即可。

【 功效详解 】

● 西蓝花性凉、味甘，可补肾填精、清热止痛、补脾和胃，还能提高肝脏解毒能力，增强机体免疫能力，预防感冒和坏血病的发生，对乳腺增生病症也有一定的缓解作用，更可预防乳腺癌。加黄芪同煮，疗效更明显。

阴道炎

阴道炎是阴道黏膜及黏膜下结缔组织的炎症。常见的阴道炎有非特异性阴道炎、细菌性阴道炎、滴虫性阴道炎、霉菌性阴道炎、老年性阴道炎。引起阴道炎的因素包括：自然防御能力低下，性生活不洁或月经期不注意卫生，手术感染，盆腔或输卵管邻近器官发生炎症。

【典型症状】

白带增多且呈黄水样，感染严重时分泌物可转变为脓性并有臭味，偶有点滴出血症状。有阴道灼热下坠感、小腹不适，常出现尿频、尿痛。阴道黏膜发红、轻度水肿、触痛，有散在的点状或大小不等的片状出血斑，有时伴有表浅溃疡。

【家庭防治】

应加强锻炼，增强体质，合理应用广谱抗生素及激素，提倡淋浴，不要阴道冲洗，不穿紧身内裤，注意经期卫生，保持外阴清洁。

民间小偏方 [壹]

【用法用量】取油菜叶200克，放进烧沸的水中煮5分钟后捞出，置于碗内，用汤匙压取叶汁，取汁加盐调味饮用，每日2~3次。

【功效】可杀菌解毒、祛瘀消肿，促进血液循环，适用于阴道炎患者。

民间小偏方 [贰]

【用法用量】取黄柏、苍术、金银花、丹皮各15克，苦参12克，生甘草6克，一同煎水饮用，每日3次，每次150毫升。

【功效】有杀虫抑菌、清热消炎、止痒消肿的作用，适用于滴虫性阴道炎。

【推荐药材食材】

黄柏

◎具有清热燥湿、泻火解毒的功效。可治赤白带下、疮疡肿毒等症。

龙胆草

◎性大寒，味苦、涩，无毒。主治骨间寒热、惊痫邪气、定五脏、杀虫毒。

菠萝

◎具有补益脾胃、利尿消肿的功效，可治炎症。

汤膳食疗 冬瓜干笋汤

◎原材料

冬瓜100克、干竹笋100
克、黄柏10克、陈皮10克。

◎调味料

盐8克、香油5毫升。

◎做 法

①冬瓜洗净，切片；干竹笋泡发洗净，
煮熟切块备用。

②全部药材放入棉布袋与600毫升清水
置入锅中，以小火煮沸。

③加入所有材料混合煮沸，约10分
钟后关火，加入调味料，取出棉布
袋即可。

【 功效详解 】

●黄柏性寒、味苦，有很好的抗菌作
用。黄柏抗菌的有效成分为小檗碱，
抗菌作用甚至优于黄连。黄柏煎剂或
浸剂对若干常见的致病性真菌有不同
程度的抑菌作用。在体外对阴道滴虫
也有较弱的作用。煮汤食用，也可预
防阴道炎。

汤膳食疗 菠萝苦瓜汤

◎原材料

菠萝150克、苦瓜100
克、胡萝卜50克。

◎调味料

盐少许。

◎做 法

①所有材料洗净；菠萝切薄片；苦瓜去
子，切片；胡萝卜去皮，切片备用。

②将水放入锅中，开中火，将苦瓜、胡
萝卜、菠萝入锅煮，待水沸后转小火将
材料煮熟，加入少许盐调味即可。

【 功效详解 】

●菠萝可以溶解阻塞于组织中的纤
维蛋白和血凝块，改善局部血液循
环，消除炎症水肿；苦瓜能降火解
毒。常喝菠萝苦瓜汤，能降低身体
内火、清热解毒，对于妇科炎症也
有一定的缓解作用。

宫颈炎

宫颈炎为常见的妇科疾病，多发生于生育年龄的妇女。老年人也有随阴道炎而发病的。宫颈炎主要表现为白带增多，呈脓性，或有异常出血，如经期出血、性交后出血等。常伴有腰酸及下腹部不适。根据致病微生物的不同，可分为单纯淋病奈瑟菌性宫颈炎、沙眼衣原体性宫颈炎、支原体性宫颈炎、细菌性宫颈炎。宫颈炎的病原体在国内外最常见者为淋菌、沙眼衣原体及生殖支原体，其次为一般细菌，如葡萄状球菌、链球菌、大肠杆菌、滴虫以及真菌等。

【典型症状】

白带增多是急性宫颈炎最常见的、有时甚至是唯一的症状，常呈脓性。宫颈炎的病理变化可见宫颈红肿，颈管黏膜水肿等。

【家庭防治】

保持外阴清洁，尽量避免计划外妊娠，少做或不做人工流产。注意流产后及产褥期的卫生，预防感染。

民间小偏方 [壹]

【用法用量】蒲公英、地丁、蚤休、黄柏各15克，黄连、黄芩、生甘草各10克，冰片0.4克，儿茶1克，研成细末，敷于宫颈患处，隔日1次。

【功效】适用于急性宫颈炎。

民间小偏方 [贰]

【用法用量】菊花、苍术、苦参、艾叶、蛇床子各15克，百部、黄柏各10克。浓煎20毫升，进行阴道灌洗，每日1次，10次为1疗程。

【功效】可用于治疗急性宫颈炎。

【推荐药材食材】

紫花地丁

◎具有清热解毒、凉血消肿的功效，主治各种炎症，也可外用。

黄连

◎具有清热燥湿、泻火解毒的功效，用于湿热痞满、痈肿疔疮、湿疹等。

猪血

◎性平，味咸，主治头风眩晕、中满腹胀、宫颈糜烂等症。

汤膳食疗 韭菜豆芽猪血汤

◎原材料

韭菜60克、黄豆芽100克、猪血400克。

◎调味料

生姜丝16克、盐5克、花生油适量。

◎做 法

①韭菜洗净，切成小段；黄豆芽洗净；猪血洗净，切成块状。

②瓦煲内加适量清水，烧开后放一点花生油，然后放韭菜、姜丝、豆芽，煮沸5分钟后放猪血，慢火煮至猪血熟，调味即可。

【功效详解】

●猪血治疗宫颈炎的效果较明显，如严重者，外用比内服更好。外用的方法为取新鲜猪血加工干燥成粉末后，加入15%白及粉及3%熟石灰混合，敷于局部，每日1次。若是轻症，或只需预防，可适量食用此汤。

汤膳食疗 洋参猪血汤

◎原材料

西洋参15克、黄豆芽250克、猪血250克、猪瘦肉200克。

◎调味料

姜2片、盐适量。

◎做 法

①西洋参洗净；猪瘦肉洗净，切大块，入沸水中汆烫，捞出备用。

②黄豆芽去根和豆瓣，洗净；猪血洗净，切大片。

③将全部材料与姜片放入瓦煲，加适量水，武火煮沸后改文火煲1小时，调味即可。

【功效详解】

●猪血含铁量较高且吸收率较高。女性常吃猪血，可有效地补充体内消耗的铁质，防止缺铁性贫血的发生。加入洋参同煮，性味温和，既可补血，又可预防带下病症，对于带下炎症有缓解作用。

白带异常

白带是女性的一种生理现象。白带异常是女性内生殖器疾病的信号，应引起重视。白带异常可能仅仅为量的增多，也可能同时还有色、质和气味方面的改变。一般来说，有白带过多或白带过少。

【 典型症状 】

白带过多：带下增多，伴有带下的色、质、气味异常，或伴有阴部瘙痒、灼热、疼痛，或兼有尿频、尿痛等局部及全身症状。

白带过少：带下过少，甚至全无，阴道干涩、痒痛，甚至阴部萎缩。或伴有性欲低下、性交疼痛、烘热汗出、月经错后、经量偏少等。

【 家庭防治 】

在日常生活中，不要大量使用清洁液清洗阴道，不要长期使用卫生护垫，要勤换内裤，注意个人卫生。

民间小偏方 [壹]

【用法用量】生鸡蛋1个，从一头敲一小洞，将7粒白胡椒装入蛋内，用纸封好蒸熟，去胡椒吃蛋，每日1个，连吃1星期，忌吃猪血、绿豆。

【功效】主治白带过多、有异味。

民间小偏方 [贰]

【用法用量】首乌12克，枸杞12克，菟丝子12克，桑螵蛸12克，赤石脂12克，狗脊12克，熟地24克，藿香6克，砂仁6克，水煎服。

【功效】补养肝肾，利湿固涩，可治白带病。

【 推荐药材食材 】

车前草

◎清热利尿、渗湿止泻，适用于湿热内郁之水肿。

芡实

◎具有固肾涩精、补脾止泄的功效，可治遗精、淋浊、带下、大便泄泻等症。

狗脊

◎具有补肝肾、除风湿、健腰脚、利关节的作用，可治遗精和白带等症。

汤膳食疗 车前草猪肚汤

◎原材料

车前草150克、薏米30克、红豆30克、猪肚1000克、猪瘦肉250克、蜜枣3颗。

◎调味料

盐5克、生粉10克、花生油适量。

◎做 法

①车前草洗净；薏米、红豆洗净。

②猪肚翻转，用花生油、生粉反复搓擦，以去除黏液和异味，洗净，氽水。

③将清水1000毫升放入瓦煲内，煮沸后加入以上用料，武火煲沸后改用文火煲2小时，加盐调味即可。

【功效详解】

●车前草性微寒，味甘、淡，是利水渗湿的中药，主治小便不利、淋浊带下，是治疗带下病的常见药材。猪肚性味温和，可补虚损、健脾胃，与车前草同煮用来缓解带下病，能增强药效。

汤膳食疗 四神猪肚汤

◎原材料

猪肚500克、莲子200克、新鲜山药200克、芡实100克、薏米100克。

◎调味料

盐10克。

◎做 法

①猪肚洗净，氽烫后捞起，洗净切大块。

②芡实、薏米淘洗净，以清水浸泡1小时，沥干；山药削皮，洗净，切块；莲子冲净，去心。

③将莲子、山药外的其他材料放入炖锅，加水煮沸后转小火慢炖约30分钟，再加莲子和山药续炖30分钟，待猪肚熟烂，加盐调味即可。

【功效详解】

●芡实最主要的功效在于补中益气，是滋养强壮性食物，和莲子有些相似，但芡实的收敛固精作用比莲子强，适用于慢性泄泻和小便频数、梦遗滑精、妇女带多腰酸等。因此可用此汤用来治疗女性白带异常。

女性不孕症

　　女性不孕症是未采取避孕措施正常同居一年而未妊娠者，可诊断为不孕症。不孕症可分为原发不孕和继发不孕，即婚后从未受孕者称原发不孕，曾有过生育或流产且两年未再孕者称继发不孕。

【 典型症状 】

未避孕，且有正常性生活，同居一年以上仍未受孕的，都是不孕症的症状。

【 家庭防治 】

预防女性不孕要讲究经期卫生。在月经来潮期间，如不讲究卫生，很容易得各种妇科病，如月经不调、痛经、外阴炎阴道炎、宫颈炎、子宫内膜炎附件炎、盆腔炎等，这些疾病都可能给不孕造成威胁。

民间小偏方 [壹]

【用法用量】取鸡蛋1个，打一个口，放入藏红花1.5克，搅匀蒸熟即成。经期后1天开始服用红花孕育蛋，1天吃1个，连吃9个，然后等下一个月经周期的后1天再开始服，持续3~4个月经周期。

【功效】可治不孕症，调经安胎。

民间小偏方 [贰]

【用法用量】当归18克，白芍21克，川芎9克，红花6克，桃仁12克，芹子18克，泽兰12克，枸杞30克，生地24克，香附12克，天茄子24克，穿山甲12克。上药共水煎服，月经干净后每天1剂，连服3剂。3剂为1个疗程。

【功效】需服3个疗程即可受孕。

【 推荐药材食材 】

石菖蒲

◎具有开窍醒神、化湿和胃的功效，可理气、活血、散风、祛湿。

紫河车

◎具有补气养血、补肾益精的功效，用于虚劳羸弱、不孕少乳等症。

鹿茸

◎具有补肾壮阳、益精生血的功效，主治肾阳不足、精血亏虚所致宫冷不孕等症。

汤膳食疗 远志菖蒲鸡心汤

◎原材料

鸡心300克、胡萝卜150克、远志15克、石菖蒲15克。

◎调味料

盐6克、葱5克。

◎做 法

①将远志、石菖蒲装入棉布袋内，扎紧。

②鸡心入开水中氽烫，捞出备用。

③胡萝卜洗净，切片；葱洗净，切段。

④将所有材料放入炖盅内，加适量清水蒸40分钟，加盐调味即可。

【功效详解】

●石菖蒲性温，味辛、苦，归心、胃经。《本经》说其"主风寒湿痹，咳逆上气，开心孔，补五脏，通九窍，明耳目，出音声"。此汤有理气活血的功效，有助于身体气血流通，对女性不孕症有缓解作用。

汤膳食疗 鹿茸枸杞乌鸡汤

◎原材料

鹿茸片20克、枸杞子20克、乌鸡1只。

◎调味料

生姜片5克、盐适量。

◎做 法

①将鹿茸片、枸杞子洗净；乌鸡剖净，去内脏，洗净斩件。

②将乌鸡放入沸水中滚去血污，捞出洗净。

③乌鸡、药材及生姜放入煲内，加入清水，大火煲滚后用文火煲4小时，调味即可。

【功效详解】

●雄鹿的嫩角没有长成硬骨时，带茸毛，含血液，叫做鹿茸，是一种贵重的中药，用作滋补强壮剂，对虚弱、神经衰弱等有疗效。鹿茸可壮肾阳，对宫冷不孕有特殊疗效。常用此汤，对女性不孕症疗效明显。

习惯性流产

习惯性流产指自然流产连续3次及3次以上。近年常用复发性流产取代习惯性流产，改为2次及2次以上的自然流产，每次流产往往发生在同一妊娠月份，中医称为"滑胎"。

【 典型症状 】

习惯性流产的临床表现与一般流产相同，也是经历先兆流产、难免流产、不全或完全流产几个阶段。早期仅可表现为阴道少许出血，或有轻微下腹隐痛，出血时间可持续数天或数周，血量较少。一旦阴道出血增多，腹疼加重，检查宫颈口已有扩张，甚至可见胎囊堵塞宫颈口时，流产已不可避免。

【 家庭防治 】

对于子宫内口松弛所致之妊娠晚期习惯性流产，一般在妊娠16～22周即采取子宫内口缝扎术，维持妊娠至后期甚至足月。

民间小偏方 [壹]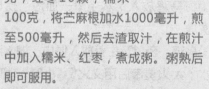

【用法用量】苎麻根60克，红枣10颗，糯米100克，将苎麻根加水1000毫升，煎至500毫升，然后去渣取汁，在煎汁中加入糯米、红枣，煮成粥。粥熟后即可服用。

【功效】有清热补虚、止血安胎之功效。

民间小偏方 [贰]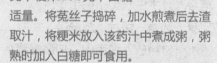

【用法用量】菟丝子60克，粳米100克，白糖适量。将菟丝子捣碎，加水煎煮后去渣取汁，将粳米放入该药汁中煮成粥，粥熟时加入白糖即可食用。

【功效】无论阴虚或阳虚者均可服用，此方被誉为补虚安胎之上品。

【 推荐药材食材 】

巴戟
◎补肾阳、祛风湿，治小腹冷痛、子宫虚冷、风寒湿痹、腰膝酸痛等症。

菟丝子
◎具有补肝肾、益精髓的功效，可治腰膝酸痛、遗精、尿有余沥、目暗。

熟地
◎具有补血滋阴功效，可用于血虚萎黄、心悸失眠、月经不调、崩漏等症。

汤膳食疗 淫羊藿鸡汤

◎原材料

巴戟15克、淫羊藿15克、红枣4颗、鸡腿500克。

◎调味料

料酒5毫升、盐5克。

◎做法

①鸡腿洗净，剁块，放入沸水中汆烫，捞起用清水冲净。

②巴戟、淫羊藿、红枣洗净备用。

③将鸡肉、巴戟、淫羊藿、红枣放入瓦煲，加适量水，大火煮开后加入料酒，转小火续炖30分钟，加盐调味即可。

【功效详解】

●巴戟可以补肾阳、益精血、强筋骨、祛风湿，用于治疗肾阳虚弱的阳痿、不孕、月经不调、小腹冷痛等症，也可以治疗肝肾不足的筋骨痿软、腰膝疼痛，或者风湿久痹、步履艰难。因为巴戟天有益精血的作用，因此此汤也可缓解习惯性流产。

汤膳食疗 复元汤

◎原材料

山药50克、肉苁蓉20克、菟丝子10克、核桃仁10克、羊肉500克、羊脊骨300克。

◎调味料

葱段20克、姜片、花椒、料酒、胡椒粉、八角、食盐各适量。

◎做法

①羊脊骨剁块，汆水，洗净；羊肉洗净后汆去血水，切成条块；山药、肉苁蓉、菟丝子、核桃仁洗净，用纱布袋装好。

②将中药袋、羊脊骨、羊肉、姜片、葱段放入砂锅内，加适量清水，大火煮沸后，加调料调味即可。

【功效详解】

●菟丝子性微温，味辛、甘，归肝、肾、脾经，气和性缓，能浮能沉，具有补肾益精、养肝明目、健脾固胎的作用，对胎动不安、习惯性流产有独特疗效，有此病症者，可常饮此汤。菟丝子与淫羊藿药性相似，但作用较缓。

妊娠反应

在妊娠早期（停经六周左右）孕妇体内绒毛膜促性腺激素增多，胃酸分泌减少及胃排空时间延长，导致头晕乏力、食欲不振、喜酸食物或厌恶油腻、恶心、晨起呕吐等一系列反应，统称为妊娠反应。

【 典型症状 】

轻症：早孕期间经常出现择食、食欲不振、厌油腻、轻度恶心、流涎、呕吐、头晕、倦怠乏力、嗜睡等症。

重症：孕妇出现频繁呕吐、不能进食，导致营养不足、体重下降、极度疲乏、脱水、口唇干裂、皮肤干燥、眼球凹陷、酸碱平衡失调，以及水、电解质代谢紊乱严重。

【 家庭防治 】

有妊娠反应者应注意休息，保证充足的睡眠。容易失眠者，可用泡温水澡及喝热牛奶的方式催眠，同时应解除紧张、焦虑的情绪。要补充足够的水分。通过吃香蕉、喝运动饮料等补充体内的电解质。睡觉时发生抽筋者应多摄取一些含钙的食物或补充钙片。便秘者可多吃含纤维素丰富的食物。

民间小偏方 [壹]

【用法用量】取砂仁、白豆蔻各6克，与粳米150克加水一起熬粥。

【功效】有健脾和胃、调气降逆的功效，适用于妊娠呕吐者。

民间小偏方 [贰]

【用法用量】取党参30克、粳米150克一同放入炖锅内，注入清水800毫升，先以大火烧沸，转小火继续炖煮35分钟，放入白糖调味即可食用。

【功效】有健脾和胃、止呕吐的功效，适用于妊娠呕吐者。

【 推荐药材食材 】

白豆蔻

◎具有行气暖胃、消食宽中的功效，主治噎膈、吐逆、反胃等。

扁豆

◎具有健脾和中、消暑化湿的功效，可治暑湿吐泻、脾虚呕逆、赤白带下等症。

柠檬

◎具有化痰止咳、生津、健脾的功效，主治食欲不振、怀孕妇女胃气不和等。

汤膳食疗 黄瓜扁豆排骨汤

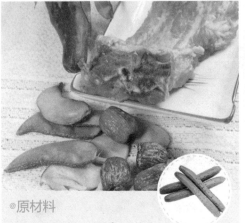

◎原材料

黄瓜400克、鲜扁豆30
克、麦冬20克、排骨600克、蜜枣3颗。

◎调味料

盐5克。

◎做 法

①黄瓜洗净，切段；麦冬洗净。

②鲜扁豆择去头、尾，老筋洗净；蜜枣洗净；排骨斩块，洗净，汆水。

③将清水2000毫升放入瓦煲内，煮沸后加入以上用料，武火煲沸后改用文火煲3小时，加盐调味即可。

【功效详解】

●扁豆味甘，微温，能健脾和中，排骨能增强免疫，因此女性妊娠期饮用此汤，对胃口不好、呕吐等症有一定的缓解作用，还可增强身体素质。扁豆气清香而不串，性温和而色微黄，与脾性最合。但要注意，食用时要煮至熟透。

汤膳食疗 柠檬红枣炖鲈鱼

◎原材料

新鲜鲈鱼500克、红枣8
颗、柠檬1个。

◎调味料

姜片2克，葱、盐、香菜各适量。

◎做 法

①鲈鱼洗净，去鳞、鳃、内脏，切块；红枣用水泡软，去核；柠檬切片；葱洗净，切段；香菜洗净，切末。

②汤锅内倒入1500毫升水，加入红枣、姜片、柠檬片，以大火煲至水开，放入葱段及鲈鱼，改中火继续煲30分钟至鲈鱼熟透，加盐调味，放入香菜即可。

【功效详解】

●两广地区中医著述《粤语》记载："柠檬，宜母子，味极酸，孕妇肝虚嗜之，故曰宜母。"这就是说，怀孕妇女可以放置一些柠檬在床边，早上起来嗅一嗅，有消除晨吐的效应。常喝此汤，不仅有止吐的功效，而且有保健作用。

汤膳食疗 茯苓扁豆瘦肉汤

◎原材料

猪瘦肉200克、薏米100克、鲜扁豆50克、土茯苓20克。

◎调味料

生姜片、盐各适量。

◎做 法

①猪瘦肉洗净，切块；薏米、土茯苓洗净，生姜片、鲜扁豆择去老筋，洗净。

②锅中水烧开，放入瘦肉飞水，捞出。

③将各药材及生姜片、瘦肉、鲜扁豆一起放入煲内，加入适量开水，大火烧开后，改用小火煲1小时，加盐调味即可。

【功效详解】

● 扁豆最善和中，故用之以和胎气，胎因和而安，所以也有扁豆能助于安胎之说。扁豆、土茯苓同有和胃作用，加瘦肉的滋补作用，能增强孕妇体质，缓解孕吐症状，更可暖胃，增加胃口。

汤膳食疗 扁豆莲子鸡腿汤

◎原材料

鲜扁豆100克、莲子40克、鸡腿300克。

◎调味料

盐适量。

◎做 法

①鲜扁豆、莲子洗净备用。

②鸡腿剁块，氽烫后捞出，备用。

③将所有材料放入炖盅内，加入适量清水，上蒸笼蒸4个小时，加入盐调味即可食用。

【功效详解】

● 扁豆补脾、中和效果极好，莲子宁心安神，适宜孕妇食用，鸡肉滋阴效果较好，三者一起煲汤，既可为孕妇滋补体质，增强身体免疫力，还可缓解孕吐，特别适合怀孕早期的孕妇食用。

胎动不安

妊娠期出现腰酸腹痛、胎动下坠，或阴道少量流血，称为"胎动不安"，相当于西医的"先兆流产""先兆早产"。胎动不安是临床常见的妊娠病之一，经过安胎治疗，腰酸、腹痛消失，出血迅速停止，多能继续妊娠。若因胎元有缺陷而致胎动不安，胚胎不能成形，故不宜进行保胎。多由气虚、血虚、肾虚、血热、外伤使冲任不固，不能摄血养胎及其他损动胎元、母体而致。孕妇起居不慎导致跌倒或闪挫、过于辛劳等均可能导致气血紊乱、胎动不安。

【典型症状】

妊娠期出现腰酸、腹痛、下坠，或伴有少量阴道出血，脉滑，可诊断为胎动不安。

【家庭防治】

胎动不安、阴道出血者应卧床休息，尽量少起床，忌收腹等增加腹压的动作，严禁房事。

民间小偏方 [壹]

【用法用量】桑寄生、川续断、菟丝子、杜仲各等份研碎为粉末，加入适量的炼蜜制成平均约6克重的药丸，每次取1颗服用。
【功效】有安胎益血的功效，适合胎动不安患者食用。

民间小偏方 [贰]

【用法用量】取适量的白扁豆研成细末，每次取4.5克服用，以30克苏梗煎水送服，隔日1次，连服数次。
【功效】可温中安胎、健脾止呕，主治胎动不安、呃逆少食等症。

【推荐药材食材】

桑寄生

◎具有补肝肾、通经络、益血、安胎的功效，可治胎漏血崩、产后乳汁不下等。

续断

◎具有补肝肾、续筋骨、调血脉的功效，用于治疗胎漏崩漏、带下遗精等。

竹茹

◎具有清热化痰、除烦止呕的功效，用于治疗妊娠恶阻、胎动不安等。

汤膳食疗 核桃排骨首乌汤

◎原材料

排骨200克、核桃仁100克、何首乌40克、当归15克、熟地15克、桑寄生25克。

◎调味料

盐适量。

◎做 法

①排骨洗净，斩件；何首乌、当归、熟地、桑寄生洗净备用；核桃仁洗净。

②排骨入沸水中氽烫，捞出沥干。

③锅中加适量水，将所有材料以小火煲3小时，起锅前加盐调味即可。

【 功效详解 】

●桑寄生有安胎的功效，《药性论》中记载其"能令胎牢固，主怀妊漏血不止"。《本草求真》记载"（桑寄生）故凡内而腰痛、筋骨笃疾、胎堕，外而金疮、肌肤风湿，何一不借此以为主治乎"。与核桃同煮，除安胎功效之外，还可补充胎儿营养。

汤膳食疗 竹茹鸡蛋汤

◎原材料

桑寄生50克、竹茹10克、红枣8颗、鸡蛋2个。

◎调味料

冰糖适量。

◎做 法

①中药材洗净；红枣去核，洗净备用。

②将鸡蛋放入清水中煮熟，去壳备用。

③将中药材和红枣放入瓦煲中，加适量水，以文火煲约90分钟，加鸡蛋、冰糖煮至冰糖溶化即可。

【 功效详解 】

●竹茹性微寒，味甘，治胎动不安，单用有清热安胎之效，或与黄芩、苎麻根等药合用，以增强药力。加桑寄生，安胎功效也不错。还可搭配石斛，用于妇女妊娠恶阻、胃气受胎热上扰而见的恶心呕吐。加鸡蛋同煮，安胎效果更好。

产后缺乳

产后哺乳期内，产妇乳汁甚少或全无，称为产后缺乳。本病有虚实之分。虚者多为气血虚弱、乳汁化源不足所致，一般以乳房柔软而无胀痛为辨证要点。实者则因肝气郁结、气滞血凝或乳汁不行所致，一般以乳房胀硬或痛，或伴身热为辨证要点。

【典型症状】

产妇在哺乳时乳汁甚少或全无，不足够甚至不能喂养婴儿是缺乳的明显症状。

【家庭防治】

哺乳妈妈常会在喂奶时感到口渴，这是正常的现象。妈妈在喂奶时要注意补充水分，或是多喝豆浆、杏仁粉茶、果汁、原味蔬菜汤等。水分补充适度即可，这样乳汁的供给才会既充足又富含营养。

民间小偏方 [壹]

【用法用量】人参3克，茯苓10克，甘草3克，芍药6克，川芎3克，当归6克，枳壳6克，桔梗4.5克，用水煎服，每日1剂，每日服2次。

【功效】可补气活血、通络下乳。

民间小偏方 [贰]

【用法用量】取红豆50～100克，洗净，加水700毫升，入锅中，大火煮至豆熟汤成，去豆饮汤。

【功效】适用于产后乳房肿胀、乳脉气血壅滞所致的乳无汁。

【推荐药材食材】

红衣花生

◎具有健脾和胃、养血止血、润肺止咳、利尿、下乳的功效。

猪蹄

◎具有补虚弱、填肾精、健足膝等功效。

鲈鱼

◎具有益脾胃、补肝肾的功效，主治脾虚泻痢、筋骨萎弱、胎动不安、产后缺乳等。

汤膳食疗 花生蚝仔炖猪蹄

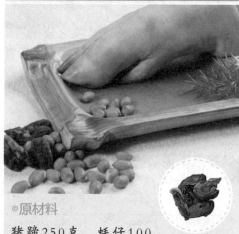

◎原材料

猪蹄250克、蚝仔100克、带膜花生200克。

◎调味料

葱2根、盐5克、酱油、油各适量。

◎做　法

①猪蹄洗净，沥干；锅中加入适量油，放入猪蹄以大火炸至金黄色。

②花生放入沸水中氽烫去色，捞出洗净。

③将猪蹄、花生、蚝仔放入炖盅中，加入适量清水，上笼蒸4小时，加上所有调味料即可食用。

【功效详解】

●猪蹄性平，味甘、咸，作用较多，如《随息居饮食谱》所载，能"填肾精而健腰脚，滋胃液以滑皮肤，长肌肉可愈漏疡，助血脉能充乳汁，较肉尤补。"但一般多用来催乳，治产后气血不足、乳汁缺乏。常食用此汤，催乳效果较好。

汤膳食疗 木瓜花生煲猪蹄

◎原材料

猪蹄500克、木瓜700克、花生仁50克、红豆50克、章鱼干50克、蜜枣5颗。

◎调味料

香油10毫升、盐4克。

◎做　法

①猪蹄刮净毛，洗干净，对半剖开后切块；木瓜削皮去瓤，切成大块；章鱼干、花生仁、红豆、蜜枣洗净，泡发。

②瓦煲上火，加清水约3000毫升，大火烧开后将原材料放入瓦煲内；大火烧沸后转用小火煲约2小时，调入香油、盐即可。

【功效详解】

●传统医学认为，猪蹄有壮腰补膝和通乳之功，可用于肾虚所致的腰膝酸软和产妇产后缺少乳汁之症。若作为通乳食物，应少放盐、不放味精。猪蹄也是老人、妇女、术后失血过多者的食疗佳品。与木瓜、花生同煮，能让催乳效果更明显。

汤膳食疗 花生煲凤爪

◎原材料

凤爪500克、花生仁100克、香菇20克。

◎调味料

生姜15克、料酒15毫升、盐5克、味精3克。

◎做 法

①凤爪洗净；花生仁泡水6小时；香菇泡发洗净；生姜去皮洗净，切片。锅中加水烧开，调入料酒，放凤爪汆烫，捞出洗净。

②锅中加适量水，放花生仁、香菇、姜片、料酒、凤爪，煮至凤爪软，调入盐、味精即可。

【 功效详解 】

●花生在我国被认为是"十大长寿食品"之一。中医认为花生能调和脾胃、补血止血、降压降脂。其中"补血止血"主要就是花生外那层红衣的功劳。因此产后妇女在食用时，一定要连带红衣一起烹煮。加凤爪同煮，还有养颜功效。

汤膳食疗 木瓜花生排骨汤

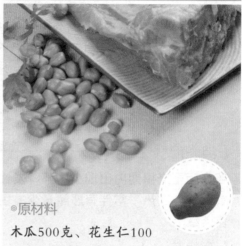

◎原材料

木瓜500克、花生仁100克、排骨200克。

◎调味料

生姜、盐各适量。

◎做 法

①将木瓜去皮、去子洗净，切粗段；花生仁洗净；排骨洗净，斩段。

②锅内烧水，水开后放入排骨，滚去血污，再捞出洗净。

③将全部材料一起放入煲内，加入适量清水，煲至花生熟后调味即可。

【 功效详解 】

●花生中含有丰富的脂肪油和蛋白质，对产后乳汁不足者有养血通乳作用。本汤具有健脾开胃、养血通乳的功效，适用于贫血体衰、产后乳汁不足等病症。经常食之有补益的作用。

产后腹痛

　　产妇在产褥期内，发生与分娩或产褥有关的小腹疼痛，称为产后腹痛。病因为产后气血运行不畅，瘀滞不通。可由于产后伤血、百脉空虚、血少气弱、推行无力以致血流不畅而瘀滞，也可由于产后虚弱、寒邪乘虚而入、血为寒凝、瘀血内停不通而致。

【典型症状】

新产后至产褥期内出现小腹部阵发性剧烈疼痛，或小腹隐隐作痛，多日不解，不伴寒热，常伴有恶露量少，色紫黯有块，排出不畅，或恶露量少，色淡红。

【家庭防治】

每日按揉腹部数次，轻重自己掌握，一则可以帮助胃肠消化排气，二则有利于子宫复旧、及时排清恶露。

民间小偏方 [壹]

【用法用量】当归15克，川芎10克，桃仁15克，炙甘草6克，炮姜10克，益母草30克，丹参15克，香附子12克，水煎服。

【功效】活血化瘀，散寒止痛。

民间小偏方 [贰]

【用法用量】当归15克，熟地黄20克，阿胶15克（烊化），麦冬15克，党参20克，山药20克，甘草6克，续断15克，肉桂5克（焗服），白芍20克，水煎服。

【功效】养血益气。

【推荐药材食材】

白术	阿胶	肉桂
◎具有健脾益气、燥湿利水、止汗、安胎的功效。	◎具有滋阴、补血、安胎的功效，可治血虚、吐血、衄血、月经不调、胎漏等。	◎性大热，味辛、甘，有补火助阳、引火归源、散寒止痛、活血通经的功效。

汤膳食疗 白术陈皮鲈鱼汤

◎原材料

鲈鱼500克、白术20克、陈皮10克。

◎调味料

胡椒粉3克、盐适量。

◎做 法

①鲈鱼去鳞，剖开后去肠杂，洗净，切块。

②白术、陈皮洗净，与鲈鱼一起放入锅内，加清水适量，武火煮沸后，文火煲2小时，加盐调味即可。

【功效详解】

●白术水煎剂可以健胃、助消化，对止呕止泻有一定的作用，但需配消导药或利水渗湿药。《医学启源》记载："除湿益燥，和中益气，温中，去脾胃中湿，除胃热，强脾胃，进饮食，止渴，安胎。"因此，产后腹痛者可以喝此汤暖胃健脾。

汤膳食疗 党参茯苓鸡腿汤

◎原材料

党参15克、白术5克、茯苓15克、炙甘草5克、鸡腿500克。

◎调味料

生姜5克、盐适量。

◎做 法

①鸡腿洗净，剁成小块，加盐腌15分钟，洗净备用；生姜洗净，切片。

②所有中药材洗净，沥干。

③锅中加500毫升水煮开，放入鸡块、姜片及药材，待水再开时转小火煮至熟，冷却后放入冰箱中冷藏后食用。

【功效详解】

●白术性温，味苦、甘，归脾、胃经，有补气健脾之效，可治疗脾气虚弱、食少神疲，常配伍人参、党参、茯苓或甘草等，以益气健脾、暖中和胃，亦可缓解产后虚症。因此，产后腹痛者可适量食用本汤。

汤膳食疗 红枣枸杞阿胶汤

◎原材料

阿胶50克、红枣10颗、枸杞15克。

◎调味料

盐适量。

◎做 法

①红枣、枸杞洗净，放入微波盒中备用。

②取小块阿胶放入微波盒中，加冷开水500毫升左右，加盖放置一晚上。

③第二天一早将整盒泡好的红枣、枸杞、阿胶放入微波炉中加热后，加盐调味即可饮用。

【功效详解】

●早在两千多年前，《神农本草经》就把阿胶列为上品，认为它是滋补佳品，且适宜于久服。阿胶是补肺要药，而肺为血之上源，补肺可以从根本上解决血的源泉不足问题，能收到良好的补益气血效果。因此产后妇女常服此汤，可缓解腹痛等症状。

汤膳食疗 葡萄当归煲猪血

◎原材料

鲜葡萄150克、当归15克、党参15克、阿胶10克、猪血200克。

◎调味料

料酒、葱花、生姜末、盐、味精、麻油、五香粉各适量。

◎做 法

①葡萄洗净去皮；当归、党参洗净，切片，用纱布包好；猪血洗净，余水后切成小块，与药袋同放入砂锅，加水，大火煮沸，烹入料酒，改用小火煨煮30分钟，取出药袋，加入葡萄续煮。

②阿胶洗净，放入砂煲中，待水煮沸、阿胶完全烊化，加调料即成。

【功效详解】

●阿胶为补血之佳品。常与熟地黄、当归、黄芪等补益气血药同用。阿胶具有提高红细胞数和血红蛋白量、促进造血功能的作用，阿胶补血机制与其含有氨基酸、富含铁和微量元素等因素有关。加当归同煮，有暖宫的作用，可以有效缓解产后腹痛。

产后恶露不尽

产后血性恶露持续10天以上，仍淋漓不尽，称"产后恶露不尽"。是由气血运行失常、血瘀气滞引起，可服用具有活血化瘀功效的药物进行治疗。

【典型症状】

产后血性恶露不尽，量或多或少，色淡红、暗红或紫红，或有恶臭气，可伴神疲懒言、气短乏力、小腹空坠，或伴有小腹疼痛拒按。

【家庭防治】

产后注意适当休息，注意产褥卫生，避免感受风寒。且要增加营养，不宜过食辛燥之品，提倡做产后保健操。

民间小偏方 [壹]

【用法用量】鸡蛋3个、阿胶30克、米酒100克、精盐1克，先将鸡蛋打入碗里，用筷子均匀地打散，再把阿胶打碎放在锅里浸泡，加入米酒和少许清水用小火炖煮，待煮至胶化后倒入打散的鸡蛋液，加上一点盐调味，稍煮片刻后即可盛出食用。

【功效】此方对产后阴血不足、血虚生热、热迫血溢引起的恶露不尽有治疗作用。

民间小偏方 [贰]

【用法用量】取个大、肉多的新鲜山楂30克，红糖30克，先清洗干净山楂，然后切成薄片，晾干备用。在锅里加入适量清水，放在火上，用大火将山楂煮至烂熟，再加入红糖稍微煮一下，出锅后即可给产妇食用，每天最好食用2次。

【功效】可以促进恶露不尽的产妇尽快化瘀，排尽恶露。

【推荐药材食材】

黄芪

◎补气固表、利尿排毒、排脓敛疮、生肌，用于中气下陷所致的崩漏带下等病症。

党参

◎具有补中益气、健脾益肺的功效，可用于脾肺虚弱、气短心悸、内热消渴等。

马齿苋

◎具有清热解毒、散血消肿、止血凉血的功效，主治产后子宫出血、便血等病症。

黄芪党参瘦肉汤

◎原材料

黄芪15克、党参25克、
黑豆100克、猪瘦肉300克、红枣4颗。

◎调味料

生姜5克、盐适量。

◎做　法

①黑豆炒至豆衣裂开，洗干净，沥干水。

②生姜用清水洗干净，刮去姜皮，切两片；红枣用清水洗干净，去核；黄芪、党参、猪瘦肉分别用清水洗干净。

③将以上材料一起放入炖盅内，用文火煲4小时左右，以少许盐调味即可。

【功效详解】

●黄芪性微温，味甘，归肺、脾、肝、肾经，可补气固表。党参具有补中益气、健脾益肺的功效，《本草从新》记载其"补中益气、和脾胃、除烦渴。中气微弱，用以调补，甚为平妥"。二者同用，能补气，让气血流通，排尽恶露。

绿豆马齿苋瘦肉汤

◎原材料

绿豆50克、马齿苋50克、猪瘦肉500克、蜜枣3颗。

◎调味料

盐5克。

◎做　法

①绿豆洗净，浸泡1小时。

②马齿苋、猪瘦肉洗净；蜜枣洗净。

③将2000毫升清水放入瓦煲内，煮沸后加入以上材料，武火煲沸后，改用文火煲3小时，加盐调味。

【功效详解】

●马齿苋全株入药具有解毒、抑菌消炎、利尿止痢、润肠消滞、去虫、明目和抑制子宫出血等功效。但孕妇，尤其是有习惯性流产者，应禁止食用马齿苋，因为马齿苋有堕胎的功能。绿豆亦有解毒清热功效，二者同煮，对产后恶露不尽有一定治疗作用。

第六章

男科疾病
食疗好汤膳

前列腺炎

前列腺炎是一种急、慢性炎症，主要由前列腺特异性和非特异感染所致而引发的局部或全身症状。

按照病程分，可将前列腺炎分为急性前列腺炎和慢性前列腺炎，前者由致病菌侵入前列腺所致，后者多因前列腺充血、尿液化学物质刺激、病原微生物感染、不良心理因素和免疫性因素诱发产生。

【典型症状】

急性前列腺炎：尿频、尿急、尿痛、尿血、会阴部放射性坠胀疼痛，常伴有高热、寒战、头痛、全身疼痛、神疲乏力、食欲不振等症状。

慢性前列腺炎：会阴、阴茎、肛周部、尿道、耻骨部或腰骶部等部位疼痛，尿频、尿急、尿痛，常伴有性欲减退、射精痛、射精过早、心情忧郁、失眠等症状。

【家庭防治】

勤洗澡，坚持每天用温水和除菌皂清洁外生殖器和会阴部，彻底清除细菌，避免感染前列腺，预防前列腺炎产生。

民间小偏方［壹］

【用法用量】取马蹄（带皮）150克，洗净去蒂，切碎捣烂，加温开水250毫升，充分拌匀，滤去渣皮，饮汁，每日2次。

【功效】生津润肺，化痰利肠，通淋利尿，消痈解毒，凉血化湿。

民间小偏方［贰］

【用法用量】取薏米30克，粳米100克，倒入锅中，加适量清水后煮成粥，每天1剂，连服20天。

【功效】清热利湿，能有效治疗慢性前列腺炎。

【推荐药材食材】

土茯苓

◎解毒散结、祛风通络、利湿泄浊，用于治疗水肿、前列腺炎、梅毒。

白茅根

◎凉血止血、清热解毒、利尿通淋，用于治疗小便淋漓涩痛、尿血、前列腺炎。

芡实

◎固肾涩精、补脾止泄，用于治疗遗精、淋浊、尿频、尿失禁。

土茯苓瘦肉煲甲鱼

◎原材料

土茯苓50克、甲鱼1只、龙骨100克、猪瘦肉100克。

◎调味料

姜片10克、盐3克、鸡精2克、胡椒粉2克、葱段10克。

◎做 法

①土茯苓洗净，切片；甲鱼宰杀，氽烫，洗净，斩件；龙骨、猪瘦肉切块。

②锅置火上，放油烧热，爆香姜片、葱段，将瘦肉、龙骨炒香，加适量清水，以大火煮开，撇去浮沫。

③转入瓦煲中，加入土茯苓、甲鱼，大火煮开后转用小火煲60分钟，调味即可。

【功效详解】

●中医认为前列腺炎与湿热滞结成毒有关，湿毒流滞下焦，湿毒蕴结留于精室，精浊混淆，病情缠绵，易反复发作。而土茯苓能解毒除湿，为治疗慢性前列腺炎的要药。此汤能解毒、除湿，对于前列腺炎有辅助治疗的功效。

白茅根煮鲫鱼

◎原材料

鲜白茅根30克、鲫鱼500克、蜜枣3颗。

◎调味料

姜2片、花生油10毫升、盐5克。

◎做 法

①鲜白茅根洗净。

②蜜枣洗净，鲫鱼宰杀后去鳞、鳃、内脏；烧锅下花生油、姜片，将鲫鱼两面煎至金黄色。

③将1600毫升清水放入瓦煲内，煮沸后加入以上材料，武火煲开后，改用文火煲2小时，加盐调味即可。

【功效详解】

●白茅根有清热利湿、通淋之效，有较强的利尿作用和一定的抗菌、解热镇痛作用。此汤可治瘀积内阻型前列腺炎，症见排尿时间延长，会阴胀痛者。如果是非淋菌性前列腺炎，最好夫妻同时服用此汤，以免交叉感染和反复感染。

前列腺增生

前列腺增生，俗称前列腺肥大症，是由人体内雄激素与雌激素的平衡失调导致的一种前列腺的良性病变。

前列腺位于膀胱与原生殖膈之间，尿道从前列腺体中间穿过。男性性腺内分泌紊乱是前列腺增生的主要原因，但具体机制尚不明确。患有前列腺增生要及时治疗，以免诱发其他生殖系统疾病。

【典型症状】

尿频、尿急、夜尿增多、血尿、排尿费力、性欲亢进，严重的还会引发肾积水、尿潴留、膀胱结石、疝、痔、肺气肿等并发症。

【家庭防治】

饮食应以清淡、易消化为主，多吃新鲜的蔬菜水果，少食辛辣刺激之品，戒酒，以减少前列腺充血的几率，防止诱发前列腺增生。

民间小偏方 [壹]

【用法用量】取大黄、毛冬青、银花藤各30克，吴茱萸、泽兰各15克，川红花12克。用适量清水煎煮，滤取药汁1500毫升，待温热时坐浴15～20分钟。早晚坐浴1次，15天为1疗程。

【功效】清热解毒，治小便淋漓不尽、尿后尿道口灼热。

民间小偏方 [贰]

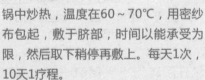

【用法用量】取艾叶60克，石菖蒲30克，放入锅中炒热，温度在60～70℃，用密纱布包起，敷于脐部，时间以能承受为限，然后取下稍停再敷上。每天1次，10天1疗程。

【功效】治疗肾气不足引起的夜尿增多、小便短少而清、小便不畅。

【推荐药材食材】

熟地黄

◎补血滋润、益精填髓，用于治疗强心、利尿、抗增生、抗真菌等。

巴戟天

◎补肾助阳、强筋壮骨，主治小便不禁、风寒湿痹、腰膝酸软。

白果

◎敛肺定喘、止带缩尿，治疗淋病、尿频、哮喘。

熟地炖老鸭

◎原材料

老鸭半只（约500克）、熟地60克、红枣10颗。

◎调味料

盐适量。

◎做　法

①鸭去毛、肠脏、头颈、爪，洗净后沥干水；熟地、红枣洗净。

②将熟地、红枣放入鸭腹腔内，将鸭放入炖盅内，加开水适量，炖盅加盖，文火隔水炖3小时，调味即可。

【功效详解】

●熟地黄为玄参科植物地黄的块根经加工炮制而成。《本草从新》说其"（治）一切肝肾阴亏，虚损百病，为壮水之主药"。此汤可治肾阴虚型前列腺增生，症见小便涓滴而下，淋漓不畅，甚至无尿，腰膝酸软。

巴戟枸杞羊肉汤

◎原材料

羊肉750克、巴戟天30克、枸杞30克。

◎调味料

生姜5片、大蒜30克、盐适量。

◎做　法

①羊肉洗净，切块，用开水汆去膻味。

②将巴戟天、枸杞洗净，与羊肉、姜、蒜一起放入锅内，加适量清水，武火煮沸后改文火煲3小时，加盐调味即可。

【功效详解】

●巴戟天有补肾祛风之效，可治肾虚腰脚无力、风湿骨痛、阳痿遗精、前列腺增生等。此汤可以疏通腺体内外的血管，打开代谢通道以及营养通道，清除细小血管中的脂质堆积，药力药效迅速进入，可以恢复腺体血流空间，使腺体血氧供应得到恢复。

附睾炎

　　附睾炎是男性生殖系统常见疾病，男性自身抵抗力下降时，大肠杆菌、葡萄球菌、链球菌等致病菌就会趁机侵入附睾引发炎症。

　　附睾能分泌附睾液，其含有的激素、酶和特异的营养物质有助于精子成熟。附睾炎分为急性附睾炎和慢性附睾炎。急性附睾炎多由泌尿系、前列腺炎和精囊炎沿输精管蔓延到附睾所致，急性附睾炎治疗不彻底则会转变为慢性附睾炎。

【典型症状】

急性附睾炎：附睾肿大，阴囊皮肤红肿、坠胀，疼痛可放射至腹股沟区及下腹部，常伴有畏寒、高热等症状。

慢性附睾炎：阴囊坠胀感，疼痛可放射至下腹部及同侧大腿内侧，附睾轻度肿大、变硬，有硬结，局部压痛不明显，偶有急性发作。

【家庭防治】

急性期应卧床休息，多饮水，可用布带将阴囊托起，以减轻阴囊的坠胀感。多喝绿豆和红豆汤可清热利湿解毒，有助于及早治愈本病。

民间小偏方 [壹]

【用法用量】取柴胡、乌药、青皮各6克，橘核、附片各9克，海藻、大贝母、白芥子各12克，水煎服，每日1剂。

【功效】主治附睾炎。

民间小偏方 [贰]

【用法用量】取黄柏、熟地各15克，知母、龟板各12克，猪脊髓1匙(蒸熟兑服)，银花30克，荔枝核20克，水煎服，每日1剂，10天为1疗程。

【功效】治急、慢性附睾炎。

【推荐药材食材】

知母	柴胡	黄柏
◎清热泻火、生津润燥，主治肺热燥咳、高热烦渴、肠燥便秘。	◎疏肝解郁、和解少阳，主治肝郁气滞、胸胁胀痛、寒热往来。	◎清热燥湿、解毒疗疮，主治疮痈肿毒、湿疹瘙痒。

汤膳食疗 当归乌鸡汤

◎原材料

乌鸡1只（约500克）、
当归15克、熟地15克、白芍15克、知母
15克、地骨皮15克。

◎调味料

葱、生姜、盐、味精各适量。

◎做 法

①乌鸡宰杀洗净，去内脏；生姜洗净，
切片；葱洗净，切段。中药材洗净，装
入纱袋，扎紧口。

②中药袋、生姜片、葱段塞入鸡腹内扎
紧，鸡肚朝上放入砂锅内，加水1500毫
升，上笼用旺火蒸2小时，取出药袋，加
盐、味精调味，复蒸10分钟即可。

【功效详解】

●知母为单子叶植物百合科知母的干
燥根茎，属清热下火药。知母煎剂对
葡萄球菌、伤寒杆菌有较强的抑制作
用，对痢疾杆菌、副伤寒杆菌、大肠
杆菌、白色念珠菌等也有不同程度的
抑制作用。此汤对于急、慢性附睾炎
均有一定疗效。

汤膳食疗 柴胡枸杞羊肉汤

◎原材料

柴胡15克、枸杞10克、
羊肉200克、油菜200克。

◎调味料

盐5克。

◎做 法

①柴胡洗净，放进锅中，加适量水熬高
汤，熬到约剩一半水时，去渣留汁。

②油菜洗净，切段；羊肉洗净，切片。

③枸杞放入高汤中煮软，放入羊肉片、
油菜。待羊肉片熟，加盐调味即可
食用。

【功效详解】

●附睾炎是青壮年的常见疾病，若治
疗不及时，多继发尿道炎、前列腺
炎、精囊炎等。柴胡有疏肝理气、清
热之功效。柴胡中的柴胡苷有抗渗
出、抑制肉芽肿生长的作用。此外，
柴胡还有抗病原体的作用。此汤对于
前列腺炎有较好的防治作用。

阳痿

　　阳痿，指的是男性在有性欲要求时，阴茎不能勃起、勃起不坚或坚而不久，或虽有勃起且有一定硬度，但不能保持性交的足够时间，或阴茎根本无法插入阴道，不能完成正常性生活。

　　器质性阳痿较为少见，治愈难度大。功能性阳痿较多见，治愈率高。功能性阳痿主要是紧张、焦虑、性生活过度等精神神经因素、内分泌病变、泌尿生殖器官病变以及慢性疲劳等原因造的。中医将阳痿称为"阳事不举"，多是虚损、惊恐以及湿热等原因致使宗筋弛纵所致。

【典型症状】

早期表现为阴茎能自主勃起，但勃起不坚不久；中期阴茎不能自主勃起、性欲缺乏、性冲动不强、性交中途痿软；到晚期，患者阴茎萎缩、无性欲、阴茎完全不能勃起。

【家庭防治】

加强体育锻炼，保持充足的睡眠，避免疲劳过度。多吃壮阳食物，如动物内脏、羊肉、牛肉、山药、冻豆腐、花生等，以助提高性能力。

民间小偏方 [壹]

【用法用量】冬虫夏草15克，白酒500毫升，将药入白酒中，浸泡7天后酌量饮用。
【功效】适用于阳痿肾阳亏虚症。

民间小偏方 [贰]

【用法用量】取制黑附子、甘草各6克，蛇床子、淫羊藿叶各15克，益智仁10克，共为细末，炼蜜丸，做成12丸，每次服1丸，日服3次。
【功效】治阳痿肾阳不足证。

【推荐药材食材】

鹿茸

◎壮肾阳、补精髓、强筋骨，主治肾虚、阳痿等症。

肉苁蓉

◎补肾阳、益精血，用于治疗肾虚阳痿、筋骨无力、肠燥便秘。

淫羊藿

◎补肾阳、强筋骨、祛风湿，主治阳痿遗精、风湿痹痛。

汤膳食疗 参茸枸杞炖龟肉

◎原材料

乌龟1只、人参6克、鹿茸6克、枸杞6克。

◎调味料

盐3克。

◎做　法

①人参、鹿茸、枸杞稍冲洗；乌龟用开水烫死后去龟壳、肠脏，洗净，斩件。

②把全部材料一起放入炖盅内，加开水适量，炖盅加盖，文火隔开水炖3小时，加盐调味即可。

【功效详解】

● 鹿茸味甘、咸，性温，能壮元阳，益精髓。《本草纲目》说其能"生精补髓、养血益阳、强健筋骨"。此汤适用于男性遗精阳痿，同时可作为体弱肾虚、腰膝酸软、夜尿频多等症的食疗方。

汤膳食疗 猪骨补腰汤

◎原材料

杜仲10克、肉苁蓉10克、巴戟5克、狗脊5克、牛大力10克、淮牛膝10克、黑豆20克、猪脊骨250克。

◎调味料

盐适量。

◎做　法

①猪脊骨洗净，焯烫3分钟，洗净待用；黑豆洗净，用清水浸30分钟。

②其他药材洗净，和猪骨、黑豆一起放入瓦煲中，加适量清水，大火煲开后改用小火煲2小时，加盐调味即可。

【功效详解】

● 肉苁蓉具有补肾阳、益精血、润肠通便的功效，常用于治疗男子阳痿、早泄、遗精、遗尿，女子白带过多、月经不调、不孕等症。因其补肾填精之力较为缓和，故称其为"血肉有情之品"。此汤有补肾壮阳之功，温而不燥。

巴戟锁阳羊腰汤

◎原材料

羊腰（即羊肾）1对、巴戟天30克、锁阳30克、淫羊藿15克。

◎调味料

生姜4片、盐适量。

◎做法

①把羊腰切开，割去白筋膜，用清水冲洗干净，切片。

②巴戟天、锁阳、淫羊藿、生姜洗净，与羊腰一起放入锅内，加水适量，武火煮沸后改用文火煲2小时，加盐调味即可。

【功效详解】

●淫羊藿擅补肾壮阳，古人谓服本品"使人好为阴阳"，凡肾阳不足、阳痿不举、性功能低下者，用之恒有佳效。它使精液分泌亢进，刺激感觉神经，间接促进性欲。此汤适用于阳虚精少、阳痿、筋骨不健等症。

黑豆狗肉汤

◎原材料

黑豆100克、狗肉500克。

◎调味料

生姜4片、盐适量。

◎做法

①将黑豆洗净，用清水浸泡2小时，备用。

②将狗肉洗净，切块。

③将全部材料与姜片放入瓦煲内，加清水适量，武火煮沸后，文火煲2小时，加盐调味即可食用。

【功效详解】

●黑豆味甘性平，不仅形状像肾，还有补肾壮阳、活血利水、解毒、润肤的功效，特别适合肾虚、阳痿患者。狗肉能滋补血气、补肾壮阳，服之能使气血溢沛、百脉沸腾。此汤有补肾、强腰、益气的作用，对于男性肾虚诸症有较好的辅助治疗效果。

早泄

早泄，指的是男性在性生活时，阴茎勃起后未进入阴道前，或正当进入以及刚刚进入而尚未进入时便已射精，阴茎随之疲软并进入不应期的情况。

精神因素是引发早泄的主要原因，如过度兴奋或紧张、过分疲劳、心情郁闷、存在自卑心理、对性生活期望过高等。某些器质性疾病，如尿道炎、附睾炎、脊髓肿瘤、慢性前列腺炎、阴茎包皮过长，以及常穿紧身内裤等过度刺激龟头也都会导致早泄。

【 典型症状 】

完全性早泄：不同地点、不同时间进行性生活，都出现早泄。

原发性早泄：由精神因素导致，未得到过射精的良好控制感。

继发性早泄：曾有过射精的良好控制感，但后来因器质性因素引发早泄。

【 家庭防治 】

在性生活过程中，可以有意识地将注意力转移，待伴侣邻近高潮时再立即移回注意力，以延缓射精时间。平时要节制房事，减少手淫次数，注意增强体质，有助于防治早泄。

民间小偏方 [壹]

【用法用量】红枣、山药、白扁豆各20克，莲子、芡实各10克，大米适量，放入锅中，煮成粥分次食用。

【功效】养心，健脾，补肾，适用于早泄、遗精。

民间小偏方 [贰]

【用法用量】将芡实、茯苓捣碎，加水适量，煎至软烂时再加入淘净的大米，煮烂成粥，分次食用，连吃数日。

【功效】补脾益气，主治早泄、阳痿、小便不利、尿液混浊。

【 推荐药材食材 】

金樱子

◎能固精室以防治男子遗精、早泄等症。

泥鳅

◎具有补中益气、益肾助阳之效，对于肾虚早泄有较好疗效。

羊肉

◎温中补虚，可治因体虚羸弱所致阳痿、早泄、遗精等。

汤膳食疗 补肾牛肉汤

◎原材料

仙茅、金樱子、熟地、菟丝子、淫羊藿各9克，五味子6克，牛肉300克，枸杞、山药、锁阳各15克。

◎调味料

花椒3克、生姜10克、料酒5毫升、胡椒粉3克、葱10克、精盐5克、味精3克。

◎做 法

①将所有中药材洗净放入炖锅内，加水煎45分钟，滤出药液、药渣，再加水煮25分钟，滤去药渣，将两次药液合并；牛肉洗净，切块。

②将牛肉、生姜、葱、花椒放入炖锅，加清水、药液，入调料，武火烧沸后用文火炖3.5小时。

【 功效详解 】

●关于金樱子治疗男性疾病历代医家著作均有记载。如《名医别录》中有关于金樱子"止遗泄"的记载，《蜀本草》记载其可"涩精气"，《本草从新》记载金樱子"酸、涩、平，固精秘气、治滑精"。此汤对于遗精、早泄等症有较好的疗效。

汤膳食疗 山药羊肉汤

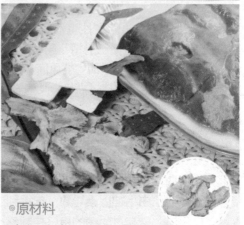

◎原材料

羊肉750克、山药30克、当归15克。

◎调味料

生姜4片、盐适量。

◎做 法

①羊肉洗净，切块，用开水氽去膻味。

②山药、当归分别洗净。

③将山药、当归、羊肉、姜一起放入炖盅内，加清水适量，武火煮沸后转文火煲3小时，调味供用。

【 功效详解 】

●常吃羊肉可以去湿气、避严冷、热心胃、补元阳，对提高人的身体素质及抗病能力十分有益。羊肉味甘而不腻，性温而不燥，具有补肾壮阳、温中祛寒、温补气血、开胃健脾的功效。羊肉与山药共煲汤汤，对于早泄有辅助治疗效果。

性欲减退

性欲减退，是指男性在较长一段时间内，出现以性生活接应能力和初始性行为水平皆降低为特征的一种状态，表现为对性生活要求减少或缺乏。

情绪不良非常容易引起性欲减退，尤其是在工作屡屡受挫、人际关系紧张、悲伤绝望等恶劣状态，会对性欲造成显著影响。性欲减退与营养状况、不良饮食习惯、药物因素、居住环境和健康状况等也存在较为密切的关系。因而，治疗性欲减退要结合精神疗法和生理疗法，及时找出病因，并从多方面入手，以尽快恢复正常的生活。

【 典型症状 】

缺乏性的兴趣和性活动的要求，久治不愈可导致性功能障碍、不育症等。

【 家庭防治 】

及时排解、发泄畏惧、愤怒、悲痛、焦虑和其他令人不适的情绪，努力消除顾虑和压力，有助于恢复和维持充分的性兴趣。

民间小偏方 [壹]

【用法用量】取海参适量，粳米100克。将海参浸透，剖洗干净，切片后煮烂，同粳米煮为稀粥食用。
【功效】补肾，益精髓，有壮阳疗痿的作用。

民间小偏方 [贰]

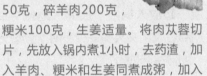

【用法用量】取肉苁蓉50克，碎羊肉200克，粳米100克，生姜适量。将肉苁蓉切片，先放入锅内煮1小时，去药渣，加入羊肉、粳米和生姜同煮成粥，加入油、盐调味。
【功效】适宜肾虚引起的男女性欲减退。

【 推荐药材食材 】

菟丝子

◎补肾益精、养肝明目、固胎止泄，用于治疗腰膝筋骨酸痛、阳痿遗精、头晕眼花。

补骨脂

◎温肾助阳、纳气、止泻，用于治疗性功能低下、阳痿早泄、腰膝冷痛。

海参

◎补肾益精、养血，主治精血亏损、体质虚弱、性功能减退。

汤膳食疗 枸杞菟丝子鹌鹑蛋汤

◎原材料

鹌鹑蛋100克、菟丝子30克、玉米须15克、枸杞10克。

◎调味料

盐适量。

◎做 法

①鹌鹑蛋煮熟，去壳。

②将菟丝子、玉米须、枸杞洗净，与鹌鹑蛋一起放入锅内，加清水适量，武火煮沸后改用文火煲1~2小时，汤成去渣，加盐调味即可。

【功效详解】

●现代药理研究表明，菟丝子提取物有助阳和增强性活力的作用。常食鹌鹑蛋、动物肾脏、海鲜等富含优质蛋白质的食物，可增强性欲。此汤可补肾壮阳、益精填髓，对于男性体弱肾虚、夜尿频多、性欲减退等有辅助治疗作用。

汤膳食疗 黄芪海参汤

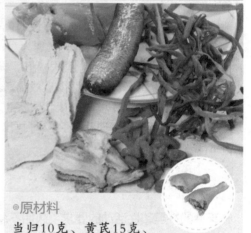

◎原材料

当归10克、黄芪15克、枸杞15克、黄花菜10克、海参200克、鸡腿300克。

◎调味料

盐适量。

◎做 法

①当归、黄芪、枸杞洗净；黄芪包好，加水煮沸，入当归，熬煮汤汁。

②黄花菜洗净；海参、鸡腿洗净，切块，分别用热水氽烫，捞起后沥干水分备用。

③将黄花菜、海参、鸡腿、枸杞放入锅中，加药材汁、盐和水，大火煮开后转小火煮熟即可。

【功效详解】

●海参富含精氨酸，有"精氨酸"大富翁之称，而精氨酸是构成男性精细胞的主要成分，具有提高勃起力的作用，能延缓性腺衰老，增强性欲。此汤适用于精血亏损、体质虚弱、性功能减退、遗精、小便频数等症。

少精症

少精症，即少精子症，是指精液中精子的数量低于正常健康有生育能力男子的一种疾病。国际卫生组织规定，正常男性的精子每毫升应达到2千万或以上。

男性精索静脉曲张、患有隐睾症、生殖道感染、抗精子抗体、内分泌异常，以及长期酗酒、吸烟等，都会造成精子数量大大减少。中医认为，少精症多因先天不足、禀赋虚弱、肾精亏损，或恣意纵欲、房事不节、肾阴亏虚、虚火内生、灼伤肾精所致。

【 典型症状 】

精液稀薄如水，精子数量低于正常水平，并可伴有神疲乏力、腰酸膝软、头晕耳鸣、性欲淡漠等症状。

【 家庭防治 】

日常可多吃一些富含赖氨酸、锌的食物，如鳝鱼、泥鳅、山药、银杏、鸡肉、牡蛎等，注意不要酗酒，尽快戒掉烟瘾，及时舒缓情绪和工作压力。

民间小偏方 [壹]

【用法用量】枸杞9克，菟丝子、覆盆子、车前子各12克，五味子45克，泽泻、当归、茯苓各12克，甘草45克，淮山、丹皮、白芍、生地、党参各12克，水煎服。

【功效】填精种子，适用于少精症。

民间小偏方 [贰]

【用法用量】枸杞、菟丝子、首乌、桑寄生、当归、牛膝各30克，肉苁蓉、王不留行、山茱萸、杜仲各15克，穿山甲10克，水煎服，10剂为1疗程。

【功效】治少精症。

【 推荐药材食材 】

山茱萸

◎补益肝肾、收敛固涩，用于治疗肝肾不足、头晕耳鸣、腰膝酸痛。

覆盆子

◎补肾壮阳、固精缩尿，主治精神疲倦、肾精虚竭。

乌龟

◎滋阴补血、益肾填精，用于治疗肝肾阴虚、虚劳发热、血虚体弱。

汤膳食疗 覆盆子白果煲猪肚

◎原材料

覆盆子10克、白果10

克、猪肚100~150克、猪瘦肉100克。

◎调味料

生姜片、盐、鸡精各适量。

◎做 法

①覆盆子洗净；白果去壳，洗净；猪肚用盐搓洗干净，切开；猪瘦肉洗净。

②锅内烧水，水开后放入猪肚、猪瘦肉，焯去表面血迹，再捞出洗净。

③将全部材料一起放入煲内，加清水适量，武火烧沸后改用文火煮1.5小时，调味即可食用。

【功效详解】

●覆盆子性温，味甘、酸，归肾、膀胱经。《药性论》说其"主男子肾精虚竭，女子食之有子，主阴痿"。《开宝本草》说其能"补虚续绝，强阴建阳"。《本草蒙筌》说其能"治肾伤精竭流滑"。此汤为治疗少精症的常用食疗汤膳。

汤膳食疗 芡实乌龟汤

◎原材料

芡实50克、枸杞30克、桂圆肉50克、土茯苓60克、乌龟1只(约400克)。

◎调味料

盐5克。

◎做 法

①将芡实、枸杞、桂圆肉、土茯苓洗净。

②乌龟放入盆中，淋热水使其排尿、排粪便，用开水烫死后洗净，杀后去内脏、头爪。

③把全部用料放入炖锅内，加适量清水，武火煮沸后用文火煲3小时，加盐调味即可。

【功效详解】

●芡实富含淀粉、维生素及矿物质，具有补肾固精、补脾除湿的功能，对于提高精子数量和质量有较好的辅助治疗效果。乌龟可气血双补，温而不燥，滋而不腻，补而不滞，对性激素影响较大，对于少精症效果良好。此汤可用于阳痿早泄、遗精无精等症。

无精症

　　无精症，指的是连续3次以上精液离心沉淀检查均未发现有精子的一种男性疾病。一般可分为原发性无精症和梗阻性无精症两种。

　　原发性无精症是由营养不良、遗传性疾病、先天性睾丸异常、睾丸病变、内分泌疾病和严重全身性疾病等因素影响睾丸生成精子所致；梗阻性无精症患者性功能正常，睾丸发育正常，但由于附睾和输精管发育畸形，或者感染病菌，受到压迫，引起输精管阻塞，导致无精子排出。

【典型症状】

精液减少，精液pH值下降，没有精子分泌，常伴有阴毛稀疏、性欲低下、阳痿早泄、神疲乏力、小腹会阴疼痛，睾丸、附睾肿痛等症状。

【家庭防治】

保证足够的休息时间，避免酗酒，尽快戒烟，保持良好的心态，淡然对待，积极配合治疗，这些对预防和治愈无精症有很大的帮助。

民间小偏方[壹]

【用法用量】取仙灵脾、附子、黄芪各30克，枸杞、白术、熟地、龙骨各15克，菟丝子、蛇床子各10克，桂枝6克，水煎服，每日1剂。30天为1个疗程。
【功效】适用于无精症患者。

民间小偏方[贰]

【用法用量】熟地、山药各30克，覆盆子、枸杞、菟丝子各15克，泽泻12克，枣皮10克，将上药用水煎煮，每天早晚服用药汁。
【功效】适于精液异常、肾精亏者服用。

【推荐药材食材】

冬虫夏草
◎补虚损、益精气，用于治疗贫血虚弱、阳痿遗精、病后虚弱。

黄精
◎补气养阴、滋肾润肺，具有抗缺氧、抗衰老、增强免疫力等作用。

羊腰
◎补肾气、益精髓，主治肾虚劳损、腰脊疼痛。

汤膳食疗 生地黄精甲鱼汤

◎原材料

生地30克、黄精20克、甲鱼500克、蜜枣3颗。

◎调味料

盐3克。

◎做 法

①将生地、黄精洗净，浸泡1小时。

②甲鱼与清水一同放入煲内，加热至水沸鱼死，褪去四肢表皮，去肠脏，洗净，斩件。

③蜜枣洗净，将清水2000毫升放入瓦煲内，煮沸后加入以上材料，武火煲开后改用文火煲3小时，加盐调味。

【功效详解】

●黄精为百合科植物滇黄精、黄精或多花黄精的干燥根茎。其性平，味甘，归脾、肺、肾经，有补肾益气之效。《滇南本草》说其能"补虚添精"。此汤对于津伤口渴、消渴病、肾虚精亏、腰膝酸软、肾虚少精或无精都有较好疗效。

汤膳食疗 枸杞羊腰汤

◎原材料

羊腰2个、猪脊骨500克、红枣10颗、枸杞20克、猪骨汤适量。

◎调味料

花椒10克、胡椒粉少许、生姜末5克、葱白10克、香菜末3克、食盐适量。

◎做 法

①羊腰洗净，切片；红枣洗净，去核；枸杞洗净；猪脊骨斩成3厘米长的小段。

②猪骨汤倒入瓦煲内，加入红枣、枸杞、花椒、胡椒粉、食盐、生姜末、葱白，用文火烧沸后放入猪脊骨，煮约15分钟，再放入羊腰片，然后改用武火烧沸3分钟，盛入碗内，撒上香菜末即成。

【功效详解】

●羊腰含有丰富的蛋白质、维生素A、铁、磷、硒等营养元素，有生精益血、壮阳补肾的功效。此外，羊腰还含有丰富的锌，锌是形成睾丸激素的重要物质。此汤滋补生精之效较好，对于无精症、少精症、弱精症均有一定食疗作用。

遗精

遗精，是指在不发生性交的情况下，精液自行泄出的一种生理现象。值得注意的是，遗精现象存在生理性和病理性的差别。

生理性遗精是正常现象，常发生于青壮年、未婚或婚后分居。青壮年身体健康，精力充沛，睾丸不断分泌大量雄性激素，促使产生大量精子、精浆，当精液达到饱和状态时就会自行排出。病理性遗精主要由身体虚弱、纵欲过度、长期吸烟、饮酒无度、过食肥甘等因素导致。

【典型症状】

遗精次数频繁，醒来精液自出，且精液量少而清稀。遗精时，阴茎勃起不坚，或者不能勃起，常伴有头昏、耳鸣、健忘、心悸、失眠、腰酸、精神萎靡等症状。

【家庭防治】

注意加强营养，增强体质。平时应丰富业余生活，积极参加文体活动，培养多种兴趣爱好。合理起居，节制性欲，戒除手淫等不良习惯。

民间小偏方 [壹]

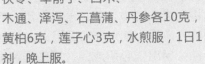

【用法用量】肉苁蓉30克，羊肉150克，粳米100克，精盐、味精各适量，羊肉洗净切片，与肉苁蓉、粳米同煮成粥，加调味料调味食用。

【功效】补肾益精，收敛滑泄。

民间小偏方 [贰]

【用法用量】取萆薢、茯苓、车前子、白术、木通、泽泻、石菖蒲、丹参各10克，黄柏6克，莲子心3克，水煎服，1日1剂，晚上服。

【功效】清热利湿，分清导浊。

【推荐药材食材】

韭菜子

◎温补肝肾、壮阳固精，可壮阳、固精止遗。

夜交藤

◎补中气、行经络、通血脉、治劳伤，可治虚劳、贫血、多汗、滑精等。

龙骨

◎镇惊安神、敛汗固精，用于治疗失眠多梦、遗精淋浊。

汤膳食疗 鹿茸炖猪心

◎原材料

鹿茸5克、当归15克、韭菜子10克、山萸肉9克、猪心1个、上汤适量。

◎调味料

料酒10克、精盐4克、味精3克、胡椒粉3克、生姜4克、葱段6克、鸡油25克。

◎做 法

①将所有中药洗净，装在纱布袋内；猪心洗净，入沸水锅内汆水；姜拍松。

②将药袋、猪心、姜、葱、上汤、料酒放入炖锅，武火烧沸后用文火炖30分钟，捞出猪心切成薄片后放回炖锅内，最后加入精盐、味精、胡椒粉调味即成。

【功效详解】

●韭菜子有补肾、壮阳、固精的功效，适用于阳痿、早泄、遗精等，故而有"壮阳草"之称。其多用于阳痿遗精、腰膝酸痛、遗尿尿频。《千金要方》单用本品研末或作蜜丸服，可治肾虚遗精、带下。此汤适用于肾阳虚弱所致的遗精。

汤膳食疗 莲藕龙骨汤

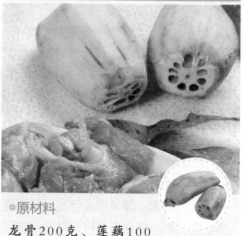

◎原材料

龙骨200克、莲藕100克。

◎调味料

生姜片5克，盐、味精各适量。

◎做 法

①龙骨洗净，斩成小块，入沸水汆去血水；莲藕洗净，切滚刀块。

②将龙骨、莲藕、生姜片装入炖盅内，加适量开水，上笼用中火蒸1个小时。

③加盐、味精调味即可。

【功效详解】

●梦遗之病，最能使人之肾精虚弱。此病若不革除，虽日服补肾药无益也。龙骨、牡蛎、金樱皆为固涩之品，服之而恒有效。其中，龙骨镇惊潜阳、收敛固涩之效甚佳，对于遗精收效甚好。此汤适用于遗精以及产后虚汗不止、盗汗、自汗、崩漏等。

男性不育症

男性不育症，是指正常育龄夫妇婚后性生活正常，在1年或更长的时间内，未采取任何避孕措施，且女方检查正常，由于男方原因造成的女方不孕。

男性不育症分为原发性不育和继发性不育两种，造成男性不育的原因常见的有精液异常、生精障碍、抗精子免疫和男性性功能障碍等。男性要注意加强自我保护，养成健康的生活习惯，增强体质，避免导致不育症因素的产生。重视婚前检查，做到早发现早治疗，以免婚后痛苦。

【典型症状】

射精疼痛，排尿困难，白浊，精子数量稀少，无精症，常伴有阳痿、早泄、不射精等性功能障碍等症状。

【家庭防治】

平时要避免长时间骑自行车、泡热水澡、穿紧身内裤，以防睾丸温度长期过高，影响其生精功能。

民间小偏方 [壹]

【用法用量】取山药、海参各30克，莲子20克，大米60克，将药材和大米煮成粥，加入适量冰糖，搅匀后食用。每天1次。

【功效】治精液稀、精子少，适用于肾阴虚亏型不育。

民间小偏方 [贰]

【用法用量】取枸杞、龙眼肉、菟丝子各15克，五味子10克，熟鸽蛋（去壳）4枚，将上药共炖，加适量白糖，拌匀后食用。每天1次。

【功效】治阳痿、遗精、早泄、精子少、腰腿酸痛，适用于肾精亏虚型不育。

【推荐药材食材】

锁阳

◎补肾阳、益精血、润肠通便，用于治疗腰膝痿软、阳痿滑精、肠燥便秘、男性不育。

鹿茸

◎生精补髓、养血益阳、强健筋骨、益气强志，治一切虚损。

虾

◎其肉性温，有壮阳益肾、补精之功，适用于肾虚阳痿、遗精早泄、体虚不育者。

汤膳食疗 锁阳牛肉汤

◎原材料

锁阳15克、巴戟10克、牛肉200克、猪瘦肉100克。

◎调味料

生姜5克，盐、鸡精、料酒各适量。

◎做 法

①将牛肉、猪瘦肉洗净，切块；锁阳、巴戟洗净；生姜洗净，切片。

②锅内烧水，水开后放入牛肉、猪瘦肉焯去表面血迹，再捞出洗净。

③全部材料放入瓦煲，加适量水，用大火烧开后转用小火慢煲3小时，调味即可。

【功效详解】

●锁阳性温，味甘，归脾、肾、大肠经。《本草纲目》说其能"润燥养筋，治痿弱"。《本草原始》说其能"补阴血虚火，兴阳固精，强阴益髓。"《内蒙古中草药》说其能"治阳痿遗精，腰腿酸软，神经衰弱"。此汤可增强体力，增加精子活力。

汤膳食疗 羊肉虾仁汤

◎原材料

羊肉150克、虾仁100克。

◎调味料

大蒜30克、葱2根、生姜2片、生油适量。

◎做 法

①将蒜去衣洗净，切细；葱去须洗净，切葱花；生姜洗净，切丝；羊肉洗净，切薄片；虾肉洗净，切粒。

②起油锅，用姜丝爆香羊肉，加清水适量，煮沸后放蒜粒、虾肉粒，煮20分钟，放葱花，调味即可。

【功效详解】

●虾的营养丰富，且其肉质松软，易消化，对身体虚弱以及病后需要调养的人是极好的食物。中医认为，虾可补肾、壮阳，为一种强壮补精药。羊肉具有补肾壮阳、补虚温中等作用。此汤适宜肾虚阳痿、男性不育症、腰脚无力之人食用。

第七章

儿科疾病
食疗好汤膳

小儿咳嗽

小儿咳嗽是人体的一种保护性呼吸反射动作。当异物、刺激性气体、呼吸道内分泌物等刺激呼吸道黏膜里的感受器时，冲入神经纤维传到延髓咳嗽中枢，引起咳嗽。

【 典型症状 】

上呼吸道感染引发的咳嗽：多为一声声刺激性咳嗽，好似咽喉瘙痒，无痰，不分白天黑夜，不伴随气喘或急促的呼吸。宝宝嗜睡，流鼻涕，精神差，食欲不振。

支气管炎引发的咳嗽：支气管炎通常在感冒后接着出现，由细菌感染导致。咳嗽有痰，有时剧烈咳嗽，一般在夜间咳嗽次数较多并发出咳喘声。

咽喉炎引起的咳嗽：声音嘶哑，有脓痰且咳出的少，多数被咽下。较大的宝宝会诉咽喉疼痛，不会表述的宝宝常表现为烦躁、拒哺，咳嗽时发出"空、空"的声音。

过敏性咳嗽：持续或反复发作性的剧烈咳嗽，多呈阵发性发作，晨起较为明显。夜间咳嗽比白天严重，咳嗽时间长久，通常会持续3个月，以花粉季节较多。

【 家庭防治 】

热水袋中灌满40℃左右的热水，外面用薄毛巾包好，然后敷于宝宝背部靠近肺的位置，这样可以加速驱寒，能很快止住咳嗽。这种方法对伤风感冒早期出现的咳嗽症状尤为管用。但要注意给宝宝穿上几件内衣再敷，千万不要烫伤宝宝。

民间小偏方 [壹]

【做法】香菜根、葱根各15克，洗净煎水后加适量冰糖代茶饮。

【功效】可以缓解感冒引起的小儿咳嗽。

民间小偏方 [贰]

【做法】取白菜根20克、生姜3片洗净，与红糖60克一同煮水，热饮。

【功效】可有效缓解小儿咳嗽。

【 推荐药材食材 】

白果

◎具有敛肺气、定喘嗽、缩小便的功效，治哮喘、痰饮咳嗽等。

杏仁

◎具有祛痰止咳、平喘的功效，治外感咳嗽、喘满、喉痹、肠燥便秘。

雪梨

◎具有生津润燥、清热化痰的功效，治热病津伤烦渴、热咳等症。

汤膳食疗 蜜梨猪肉汤

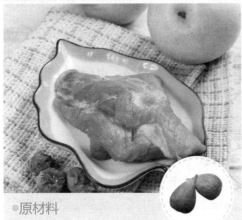

◎原材料

猪瘦肉500克、蜜梨2
个、无花果50克。

◎调味料

盐适量。

◎做　法

①蜜梨连皮洗净，每个切4块，去心及
核；无花果洗净；猪瘦肉洗净，切块。

②把全部材料放炖盅内，加清水适
量，武火煮沸后，文火煲2小时，调味
供用。

【功效详解】

●梨性凉，味甘、酸。中医认为，
梨有生津止渴、止咳化痰、清热降
火、润肺去燥等功效，尤其对肺热
咳嗽、小儿风热、咽干喉痛等症，
效果显著。梨加猪肉炖煮之后性味
更温和，可以给咳嗽有痰的小儿食
用，有很好的缓解作用。

汤膳食疗 杏仁煲猪腱

◎原材料

杏仁、银耳各20克，鲜
香菇4朵，猪腱肉50克，红枣4颗。

◎调味料

生姜片5克、细盐少许。

◎做　法

①香菇去蒂，洗净；银耳泡发，洗净备
用；杏仁、猪腱、红枣分别用清水洗
净；红枣去核。

②汤锅中加1500毫升清水，用大火煮
沸，放入全部材料，改用中火继续煲3
小时左右，加细盐调味即可食用。

【功效详解】

●杏仁主要用于咳嗽气喘，主入肺
经，且兼疏利开通之性，降肺气之
中兼有宣肺之功，为治咳喘之要药，
可用于多种咳喘病症。如风寒咳喘，
配伍麻黄、甘草，以散风寒，宣肺平
喘。风热咳嗽，配伍桑叶、菊花，以
散风热。

小儿发热

发热是小儿最常见的症状，尤其是幼儿和学龄前儿童。引起孩子发热的原因最常见的是呼吸道感染，如上呼吸道感染、急性喉炎、支气管炎、肺炎等；也可由小儿消化道感染，如肠炎、细菌性痢疾引起；其他如泌尿系感染、中枢神经系统感染以及麻疹、水痘、幼儿急疹、猩红热等也可导致发热。

【典型症状】

小儿正常体温常以肛温36.5～37.5℃、腋温36～37℃作为衡量的标准。若腋温超过37.4℃，且一日间体温波动超过1℃以上，可认为发热。低热是指腋温为37.5～38℃，中度热为38.1～39℃，高热为39.1～40℃，超高热则为41℃以上。

【家庭防治】

一般宝宝发热在38.5℃以下不用退热处理，选用物理降温的方法；38.5℃以上应采用相应的药物退热措施。物理降温：温水擦浴，用毛巾蘸上温水（水温不感烫手为宜）在颈部、腋窝、大腿根部擦拭5～10分钟。

民间小偏方 [壹]

【做法】取荆芥、紫苏叶各10克，生姜15克，红糖20克，药材用水洗净，与红糖一起用水煎服，每日2次。

【功效】主治风寒感冒、头痛、咽痛，能解表散风、理气宽胸。

民间小偏方 [贰]

【做法】取生姜10克，葱白15克，白萝卜150克，洗净，加红糖20克，以水煎服，服后微出汗。

【功效】解表散寒、温中化痰，可明显减轻发烧症状。

【推荐药材食材】

荆芥

◎具有发表、祛风的功效，治感冒发热、头痛、咽喉肿痛等症。

紫苏

◎具有发表散寒、理气和营的功效，治感冒风寒、恶寒发热、咳嗽等。

绿豆

◎具有清热、消暑、利水、解毒的功效，治暑热烦渴、感冒发热等症。

汤膳食疗 菊花绿豆汤

◎原材料

枸杞叶100克、菊花15克、绿豆30克。

◎调味料

冰糖适量。

◎做　法

①绿豆洗净，用清水浸约30分钟；枸杞叶、菊花洗净。

②把绿豆放入锅内，加适量清水，武火煮沸后改用文火煮至绿豆烂。

③加入菊花、枸杞叶、冰糖，再煮5~10分钟即可。

【功效详解】

●绿豆性凉，味甘，归心、胃经，具有清热解毒、消暑除烦、止渴健胃、利水消肿之功效，主治暑热烦渴、湿热泄泻、水肿腹胀、疮疡肿毒、丹毒疖肿、痄腮、痘疹。加菊花同煮，对小儿热感引起的发烧有一定的缓解作用。

汤膳食疗 海带绿豆汤

◎原材料

海带50克、绿豆30克、杏仁9克、玫瑰花6克。

◎调味料

红糖适量。

◎做　法

①绿豆洗净，沥水，制成绿豆粉；海带洗净，切丝；杏仁、玫瑰花分别洗净备用。

②锅里加适量水，放入杏仁、玫瑰花、绿豆粉，大火烧开后转小火煮20分钟。

③放入海带丝煮5分钟，加红糖调味即可。

【功效详解】

●海带性寒，味咸，具有化痰、软化、清热、降血压的作用。海带营养丰富，是一种富含碘、钙、铜、锡等多种微量元素的海藻类食物。绿豆性寒，味甘，有清热解毒、消暑、利尿作用。常喝海带绿豆汤可清热解毒、凉血清肺、疗疮除痘。

小儿感冒

小儿感冒，也叫急性上呼吸道感染，是小儿最常见的疾病，由外感时病毒所致。由于小儿冷暖不知调节、肌肤嫩弱、腠理疏薄、卫外机能未固，故易于罹患此病。受病以后，因小儿脏腑嫩弱，故传变较速，且易兼夹痰壅、食滞、惊吓等因素而使病情复杂。分为风寒、风热感冒。

【典型症状】

普通小儿感冒初起的症状有：连续打喷嚏、流清鼻涕、鼻子堵塞、发热头痛和嗓子肿痛。如果兼有风寒，还会出现怕冷、全身骨节痛等症状。

【家庭防治】

每周在密闭的房间（最好是在厨房内）用醋蒸呼吸道，汽熏20分钟，是杀灭病毒的简单消毒法。这种方法可以杀灭藏在口腔和呼吸道内的可疑病毒，同时能增强呼吸道表面的免疫力，明显减少冬天儿童患感冒的次数。

民间小偏方 [壹]

【用法用量】生姜1片洗净，红糖适量，开水冲泡，代茶饮之。

【功效】可治疗小儿风寒感冒。

民间小偏方 [贰]

【用法用量】菊花5克，桑叶5克，豆豉3克，洗净煎水饮用。

【功效】可治疗小儿风热感冒。

【推荐药材食材】

柴胡

◎具有和解表里、疏肝、升阳的功效，治寒热往来、口苦耳聋、头痛目眩等。

菊花

◎具有清热解毒、疏风平肝的功效，治湿疹、皮炎、风热感冒、咽喉肿痛等症。

葱白

◎具有发汗解表、通阳解毒的功效，治伤寒、寒热头痛、风寒感冒等症。

汤膳食疗 竹笋香葱鱼尾汤

◎原材料

竹笋100克、鲩鱼尾1条、葱40克。

◎调味料

生姜2片、盐适量、油适量。

◎做 法

①竹笋洗净,切为小片;葱洗净,切为条状;鲩鱼尾洗净抹干水,加入少许食盐腌15分钟。

②起油锅烧热,放进姜片和鱼尾,将鱼尾煎至两面微黄色。

③锅中加入清水1250毫升,大火煮沸后,放入竹笋、鱼尾继煮约5分钟,改中火再煮15分钟,调入适量盐、油调味即可。

【功效详解】

●葱白性温,不燥热,发汗不猛,药力较弱,适用于风寒感冒、恶寒发热之轻症。葱白通常作为发汗的药剂,与淡豆豉或其他解表药合用,治疗感冒初起的发热、头痛、鼻塞且无汗的病例。此汤中放入适量的葱白,亦可有效地对抗感冒。

汤膳食疗 柴胡肝片汤

◎原材料

柴胡15克、猪肝200克、菠菜100克。

◎调味料

生粉5克、盐3克。

◎做 法

①柴胡加水1500毫升,大火煮开后转小火熬20分钟,去渣留汤;菠菜去根洗净,切小段。

②猪肝洗净,切片,加生粉拌匀。

③将猪肝加入柴胡汤中,转大火,并下菠菜,等汤再次煮沸,加盐调味即可。

【功效详解】

●柴胡对流感病毒有强烈的抑制作用,此汤对预防感冒也有良好作用。另外,柴胡和白芍常配伍同用,一方面能加强疏肝镇痛的效果,另一方面白芍可缓和柴胡对身体的刺激作用。用于治疗小儿感冒时,可酌量添加白芍。

小儿支气管炎

小儿支气管炎通常都是由普通感冒或流行性感冒等病毒性感染所引起的并发症，有时也可能由细菌感染所致。小儿支气管炎是儿童常见呼吸道疾病，患病率高，一年四季均可发生，冬春季节达高峰。

【 典型症状 】

以咳嗽、痰多或干咳，或伴气喘，或见发热等为主要特征。

【 家庭防治 】

患儿咳嗽、咳痰时，表明支气管内分泌物增多。为促进分泌物顺利排出，可用雾化吸入剂帮助祛痰，每日2～3次，每次5～20分钟。如果是婴幼儿，除拍背外，还应帮助其翻身，每1～2小时一次，使患儿保持半卧位，以利于痰液排出。

民间小偏方 [壹]

【用法用量】取桔梗、半夏、五味子、桂枝各9克，生麻黄、细辛各3克，生石膏30克，洗净以水煎浓缩。每日1剂，一岁以下分5次服，一岁以上分3～4次服。

【功效】宣肺散寒、清热化痰，主治小儿喘息性支气管炎。

民间小偏方 [贰]

【用法用量】取麻黄、紫苏子、杏仁、桑白皮、橘红、茯苓各3克，甘草1.5克，生姜1片，红枣1枚。将上药洗净水煎，每日1剂，分4～6次服完。2岁以下者麻黄用量减半，一般可连续服用3～4剂。

【功效】主治小儿急性支气管炎。

【 推荐药材食材 】

桔梗

◎具有开宣肺气、祛痰排脓的功效，治外感咳嗽、咽喉肿痛、肺痈吐脓等。

海蜇皮

◎具有清热化痰、消积润肠的功效，可治痰饮咳嗽、哮喘、痰咳等症。

银耳

◎具有滋补生津、润肺养胃的功效，可治虚劳咳嗽、痰中带血、津少口渴等。

汤膳食疗 蜜梨海蜇鹧鸪汤

◎原材料

蜜梨2个、海蜇250克、
马蹄12个、鹧鸪1只、陈皮5克。

◎调味料

生姜3片，油、盐各少许。

◎做 法

①蜜梨洗净，去核，切厚块；马蹄洗
净，去皮，切块；陈皮洗净；海蜇洗净
浸泡，切片。

②将除海蜇外的原材料与生姜一起放进
瓦煲内，加入清水3000毫升，武火煲
沸后改文火煲2小时。

③加海蜇再煲20分钟，调入盐、油
便可。

【功效详解】

●海蜇性平，味甘、咸，有清热解
毒、化痰软坚、降压消肿的功效。
梨可润燥消风，马蹄能清热化痰，
搭配鹧鸪同煮，可清心火、化痰、
补虚健胃，适宜小儿支气管炎患者
食用。但此汤不宜凉喝，趁热食用
效果更好。

汤膳食疗 胡萝卜香菇海蜇汤

◎原材料

胡萝卜150克、香菇30
克、马蹄100克、海蜇头100克、猪瘦肉
150克。

◎调味料

盐5克。

◎做 法

①胡萝卜去皮，洗净，切成块状；猪瘦
肉洗净切块，入沸水中汆水。

②香菇去蒂，浸泡2小时，洗净；马蹄
洗净；海蜇头浸泡，洗净，汆水。

③将清水放入瓦煲内，煮沸后加入以上
材料，武火煲开后用文火煲3小时，加
盐调味即可。

【功效详解】

●海蜇滋阴润肠、清热化痰，在夏
日里尤宜进食；胡萝卜健胃消食、
养肝明目；猪瘦肉补益滋阴。三者
一起所煲的汤消痰而不伤正，滋阴
而不留邪，不仅可以缓解小儿支气
管炎，而且是老少皆宜的靓汤。

汤膳食疗 海蜇马蹄汤

◎原材料

生地50克、马蹄60克、海蜇100克、猪瘦肉300克、蜜枣3颗。

◎调味料

盐5克。

◎做 法

①生地洗净，浸泡1小时；马蹄去皮，洗净。

②海蜇、蜜枣洗净；猪瘦肉洗净，切块，飞水。

③将清水2000毫升放入瓦煲内，煮沸后加入以上用料，武火煲滚后改用文火煲3小时，加盐调味即可。

【功效详解】

●马蹄性寒，味甘，具有清热化痰、生津开胃、明目清音、消食醒酒的功效。海蜇与马蹄同煮食，对肺脓肿、支气管扩张等有辅助治疗作用。儿童和发烧病人最宜食用马蹄，咳嗽痰多、咽干喉痛者也可多食。

汤膳食疗 哈密瓜银耳瘦肉汤

◎原材料

哈密瓜500克、泡发银耳40克、猪瘦肉500克。

◎调味料

盐5克。

◎做 法

①哈密瓜去皮、瓤，洗净，切块；银耳去除根蒂部硬结，撕成小朵，洗净；猪瘦肉洗净，汆水。

②将清水1600毫升放入瓦煲内，煮沸后加以上材料。武火煲沸后，改用文火煲2小时，加盐调味即可。

【功效详解】

●银耳是一味滋补良药，有养阴清热、润燥之功，还可治疗秋冬时节的燥咳，煮汤食用，对小儿支气管炎有缓解作用。银耳宜用开水泡发，泡发后应去掉未发开的部分，特别是那些呈淡黄色的东西。

小儿肺炎

小儿肺炎是临床常见病，四季均易发生，以冬春季为多。如治疗不彻底，易反复发作，影响孩子发育。其病因主要是小儿素喜吃过甜、过咸、油炸等食物，致宿食积滞而生内热，痰热壅盛，偶遇风寒使肺气不宣，二者互为因果而发生肺炎。小儿肺炎是小儿最常见的一种呼吸道疾病，四季均易发生，3岁以内的婴幼儿在冬、春季节患肺炎较多。如治疗不彻底，易反复发作、引起多种重症并发症，影响孩子发育。

【典型症状】

小儿肺炎典型症状为发热、咳嗽、呼吸困难，也有不发热而咳喘重者。

【家庭防治】

常规消毒，以小三棱针或28号毫针，针尖略斜向上方，刺入少商穴1分许深。对急性肺炎高热、惊厥、呼吸急促者，疾刺出血。对病程长，出现呼吸困难、心衰、缺氧、休克者，需强刺激，久留针（20～50分钟，多达2小时以上）。留针期间，初以5～10分钟行针1次，待复苏后以15～20分钟行针1次。

民间小偏方 [壹]

【用法用量】取梨1个，杏仁10克，冰糖12克。将梨洗净去皮核，加洗净的杏仁及冰糖，隔水蒸20分钟食用。

【功效】有清热宣肺作用。

民间小偏方 [贰]

【用法用量】取鱼腥草30克，芦根30克，红枣12克。以上材料洗净，加水煮30分钟饮用。

【功效】有清热化痰作用。

【推荐药材食材】

橄榄

◎性平，味甘、酸，有利咽、生津、解毒的功效。

桑白皮

◎具有泻肺平喘、利尿消肿的功效，多用于肺热咳喘、痰多之症。

淡豆豉

◎具有解表除烦、宣郁解毒的功效，主治伤寒热病、寒热、头痛、烦躁、胸闷。

汤膳食疗 杏仁桑白煲猪肺

◎原材料

杏仁20克、桑白皮15克、猪肺250克。

◎调味料

盐5克。

◎做 法

①先将猪肺洗净，切片；杏仁、桑白皮洗净。

②猪肺、杏仁、桑白皮一起放入瓦锅内，加适量水煲至猪肺熟烂，加盐调味即可。

【功效详解】

●桑白皮应用于治肺热咳喘，尤其适于肺气肿合并感染，以及急性支气管炎之咳喘。有身热、手足心热时，则配地骨皮等，方如泻白散，以此方加减较多用于小儿急性支气管炎。直接加杏仁、猪肺煮，也有预防小儿肺炎的作用。

汤膳食疗 萝卜橄榄咸猪骨汤

◎原材料

白萝卜250克、胡萝卜200克、橄榄100克、猪脊骨500克、蜜枣3颗。

◎调味料

盐5克、醋适量。

◎做 法

①白萝卜、胡萝卜去皮，切成块状，洗净；橄榄洗净，拍烂。

②猪脊骨用盐腌4小时，洗净；蜜枣洗净。

③将2000毫升清水放入瓦煲内，煮沸后加入以上材料，武火煲开后，改用文火煲3小时，加盐调味。

【功效详解】

●橄榄性平，味甘、酸，入脾、胃、肺经，有清热解毒、利咽化痰、生津止渴的作用，治咽炎、喉咙不适，还有有除烦醒酒、化刺除鲠之功。儿童经常食用此汤，可预防小儿肺炎，对骨骼的发育也大有益处。

汤膳食疗 橄榄瘦肉汤

◎原材料

青橄榄250克、白萝卜500克、猪瘦肉250克。

◎调味料

盐、花生油各适量，生姜片6克。

◎做　法

①青橄榄、白萝卜、猪瘦肉洗干净，白萝卜切成块状，猪瘦肉整块不必切。

②将以上材料和生姜片放入瓦煲内，加清水2500毫升。

③武火煲沸后改用文火煲2小时，调入盐、花生油即可。

【功效详解】

● 中医素来称橄榄为"肺胃之果"，对于肺热咳嗽、咽喉肿痛颇有益。橄榄与肉类炖汤作为保健饮料有舒筋活络功效。冬春季节常食此汤，对小儿感冒引起的肺炎有较好的预防作用。

汤膳食疗 橄榄炖水鸭

◎原材料

水鸭700克、青橄榄8颗、猪瘦肉250克、金华火腿30克。

◎调味料

姜丝5克、盐2克、鸡精15克、味精4克。

◎做　法

①水鸭去毛、内脏，洗净，切大块；猪瘦肉和火腿肉切成粒状。

②水鸭和猪瘦肉入沸水氽去血污，捞起洗净，装入炖盅内。青橄榄洗净，装入炖盅内，撒上姜丝与火腿粒上火隔水炖4小时。加盐、味精、鸡精调味。

【功效详解】

● 橄榄果肉含有丰富的营养物，鲜食有益人体健康，特别是含钙较多，对儿童骨骼发育有帮助。加水鸭同煮，润肺功能更显著。新鲜橄榄可解煤气中毒、酒精中毒和鱼蟹之毒，食之能清热解毒、化痰、消积。

小儿厌食症

　　小儿厌食症是指以小儿（主要是3～6岁）较长期食欲减退或食欲缺乏为主的症状。它是一种症状，并非一种独立的疾病。通俗的理解就是食欲好的孩子，视进食为乐事，到时间就想进餐。食欲不好的孩子，厌倦进食，视进食为负担，即使色香味均好的美食，也没有兴趣，这种饮食状态，就叫厌食。如果厌食持续时间较长，就会影响小儿身高、体重的正常增长。

【典型症状】

脾胃失调，食欲减退，恶心呕吐，手足心热，睡眠不安，腹胀或腹泻。舌苔白腻，脉滑数。

【家庭防治】

用手掌轻轻顺时针按摩患儿腹部100次，坚持每天1次，1周为一个疗程，能够起到调理脾胃、通调脏腑的作用，进而治疗小儿厌食。

民间小偏方 [壹]

【用法用量】山楂360克，莱菔子90克，将山楂洗净烘干，与洗净的莱菔子共研细末，混匀备用。每服3克，每日3次，粳米汤送服。

【功效】健脾行气、消食化积，适用于小儿厌食症。

民间小偏方 [贰]

【用法用量】鸡内金5克，洗净炙酥研末，拌入粳米粥内食用，甜咸自便。

【功效】消积化滞，主治小儿厌食、面色无华、时而腹痛腹胀、矢气恶臭者。

【推荐药材食材】

麦芽

◎具有消食、和中、下气的功效。治食积不消、脘腹胀满、食欲不振等。

神曲

◎具有健脾和胃、消食调中的功效，治饮食停滞、胸痞腹胀、呕吐泻痢等。

甘蔗

◎具有清热解毒、生津止渴、和胃止呕等功效，主治消化不良、反胃呕吐等。

汤膳食疗 山楂麦芽猪胰汤

◎原材料

山楂20克、麦芽30克、猪胰250克、猪瘦肉250克、蜜枣5颗。

◎调味料

盐5克。

◎做　法

①山楂、麦芽洗净，浸泡1小时；猪胰洗净，氽水；猪瘦肉洗净；蜜枣洗净。

②将清水1800毫升放入瓦煲内，煮沸后加入以上材料，武火煲沸后改用文火煲2小时，加盐调味即可。

【功效详解】

●麦芽常在临床上应用于健胃，治一般的消化不良，对米、面食和果积（食水果过多而致的消化不良）有化积开胃的作用。麦芽可视为助消化的滋养药，常配神曲、白术、陈皮，加山楂同煮汤，也有很好的健胃功效，能缓解小儿厌食症。

汤膳食疗 甘蔗茅根瘦肉汤

◎原材料

甘蔗500克、鲜白茅根30克、马蹄100克、猪瘦肉500克、蜜枣3颗。

◎调味料

盐5克。

◎做　法

①甘蔗洗净，切成小段。

②鲜白茅根、蜜枣洗净；马蹄去皮，洗净；猪瘦肉切块，飞水，洗净。

③将清水2000毫升放入瓦煲内，煮沸后加入以上用料，武火煲滚后改用文火煲3小时，加盐调味即可。

【功效详解】

●甘蔗性寒，味甘，归肺、胃经，可用于小儿胃阴不足所致的厌食症。加茅根同煮成汤，药性和缓不伤胃，亦可增强食欲。甘蔗虽是果中佳品，但亦有不适合它的人群，比如患有胃寒、呕吐、便泄、咳嗽、痰多等症的病人，应暂时不吃或少吃甘蔗。

小儿腹泻

小儿腹泻是由多种病原及多种病因引起的一种疾病。患儿大多数是2岁以下的宝宝，6～11月的婴儿尤甚。腹泻的高峰期主要发生在每年的6～9月及10月至次年1月。夏季腹泻通常是由细菌感染所致，多为黏液便，具有腥臭味；秋季腹泻多由轮状病毒引起，以稀水样或稀糊便多见，但无腥臭味。

【典型症状】

腹泻时即会比正常情况下排便次数增多，轻者4～6次，重者可达10次以上，甚至数十次，为稀水便、蛋花汤样便，有时是黏液便或脓血便。宝宝同时伴有吐奶、腹胀、发热、烦躁不安、精神不佳等表现。

【家庭防治】

为防止孩子发生腹泻，食品及食具的卫生相当重要。特别是人工喂养的孩子，应注意饮食卫生及水源卫生。必须保证食品制作过程的清洁卫生；所用的食具必须每天煮沸消毒1次，每次喂食前还应用开水烫洗。清除了食具上附着的病原微生物后，孩子就会少得腹泻病了。

民间小偏方 [壹]

【用法用量】取绿茶、干姜丝各3克，放在瓷杯中，以沸水150毫升冲泡，加盖温浸10分钟，代茶随意饮服。

【功效】可治疗小儿风寒型腹泻。

民间小偏方 [贰]

【用法用量】取栗子3～5枚，去壳洗净捣烂，加适量水煮成糊状，再加白糖适量调味，每日分2～3次食用。

【功效】可治疗小儿脾虚型腹泻。

【推荐药材食材】

金樱子

◎具有固精涩肠、缩尿止泻的功效，治脾虚泻痢、肺虚喘咳等症。

赤石脂

◎具有涩肠、止血、收湿的作用，可治久泻、久痢等症。

柿饼

◎具有润肺、涩肠、止血的功效，用于治疗肠风、痔漏、痢疾等症。

汤膳食疗 金樱鲫鱼汤

◎原材料

金樱子15克、鲫鱼1条。

◎调味料

盐、生姜片、油各适量。

◎做 法

①将金樱子洗净，鲫鱼剖腹，去内脏。

②烧锅下油，油热后放入鲫鱼煎至两面金黄色，再铲出滤干油。

③将金樱子、鲫鱼、生姜片一起放入煲内，加入适量清水，大火煲滚后用小火煲30分钟，调味即可。

【功效详解】

●金樱子性平，味酸、甘、涩，归肾、膀胱、大肠经，主要作用为收敛、强壮，主要用于补虚固涩。金樱子中含有大量的酸性物质、皂苷等，能涩肠道，防止脾虚约束不力所致的泻痢。煮汤食用，性味更温和，但仍可治疗腹泻。

汤膳食疗 柿饼蛋包汤

◎原材料

柿饼3个、鸡蛋1个。

◎调味料

姜片2片、其麻油10毫升。

◎做 法

①将其麻油倒入锅中烧热，爆香姜片，加适量清水烧开，将柿饼切成片状。

②柿饼片放入沸水中，再转文火续 煮10分钟。

③最后将鸡蛋液倒入锅中煮熟即可。

【功效详解】

●柿饼性寒，味甘涩，无毒，归胃、大肠经，能有效补充人体养分及细胞内液，起到润肺生津的作用；而且柿饼中的有机酸等有助于胃肠消化，增进食欲，同时有涩肠止泻的功效，可用于治疗小儿腹泻。

小儿营养不良

　　长期摄食不足是营养不良的主要原因。一般表现为体重不增或减轻，皮下脂肪逐渐消失，一般顺序为腹、胸背、腰部、双上下肢、面颊部。重者肌肉萎缩、运动功能发育迟缓、智力低下、免疫力差，易患消化不良及各种感染。

　　蛋白质热能营养不良、缺铁性贫血、单纯性甲状腺肿和干眼病，被称为"世界四大营养缺乏病"。

【典型症状】

主要表现为脂肪消失、肌肉萎缩及生长发育停滞，同时也可造成全身各系统的功能紊乱，降低人体的抵抗力，给很多疾病的发生和发展创造了条件。

【家庭防治】

针刺中脘、天枢、气海、足三里，配合刺双手四缝，出针后挤出黄色液体，用清洁消毒棉花拭干，隔日一次，有健脾胃、消积滞作用。

民间小偏方 [壹]

【用法用量】鲜蚌肉500克，先用冷开水洗干净，放入白糖100克浸1小时，取汁。每服3汤匙，每天3次。
【功效】能改善胃口，缓解营养不良。

民间小偏方 [贰]

【用法用量】疳积草15克，姜、葱各50克，均洗净捣烂，加入鸭蛋白1个搅匀，外敷脚心一夜。隔3天一次，每疗程5～7次。
【功效】可缓解小儿营养不良。

【推荐药材食材】

鸡内金

◎具有消积滞、健脾胃的功效，治食积胀满、呕吐反胃、疳积、消渴等症。

鲜蚌肉

◎具有清热、滋阴、明目、解毒的功效，治烦热、消渴等。

荞麦

◎具有开胃宽肠、下气消积的功效，治胃肠积滞、慢性泄泻等症。

汤膳食疗 蚌肉炖老鸭

◎原材料

蚌肉60克、老鸭肉150克。

◎调味料

生姜2片、盐适量。

◎做 法

①将蚌肉洗净；老鸭肉洗净，斩件；姜片洗净备用。

②把全部材料一起放入炖盅内，加开水适量，炖盅加盖，用文火隔开水炖2小时，调味即可。

【 功效详解 】

●蚌肉性寒，味甘、咸，入肝、肾经，有消谷善饥的功效，加鸭肉同煮，能增强药性，而且能更好地补充小儿身体所需营养，缓解营养不良的症状。蚌肉含钙丰富，对小儿骨骼类的病症也有很好的疗效。

汤膳食疗 荞麦白果乌鸡汤

◎原材料

乌鸡肉500克、荞麦100克、白果100克、芡实60克、车前子30克。

◎调味料

生姜2片、红枣5颗、盐适量。

◎做 法

①荞麦、芡实、车前子、生姜、红枣（去核）洗净；白果去壳取肉，鸡肉洗净，切块。

②把全部材料放入炖盅内，加清水适量，用文火炖3小时，加盐调味供用。

【 功效详解 】

●荞麦蛋白质中含有丰富的氨基酸成分，铁、锰、锌等微量元素比一般谷物丰富，而且含有丰富的膳食纤维，是一般精制大米的10倍。乌鸡汤中加荞麦同煮，可以补充儿童成长所需营养，缓解营养不良带来的一系列病症。

小儿肥胖症

医学上对儿童体重超过按身高计算的平均标准体重20%的，即可称为小儿肥胖症。超过20%～29%为轻度肥胖，超过30%～49%为中度肥胖，超过50%为重度肥胖。

肥胖症分两大类，无明显病因称单纯性肥胖症，儿童大多数属此类；有明显病因称继发性肥胖症，常由内分泌代谢紊乱、脑部疾病等引起。

【 典型症状 】

以5～6岁或青少年为发病高峰。患儿食欲极好，喜食油腻、甜食，懒于活动，体态肥胖，皮下脂肪丰厚，面颊、肩部、乳房、腹壁脂肪积聚明显。

【 家庭防治 】

家长应督促肥胖儿童每日坚持运动，养成习惯。可先从小运动量活动开始，而后逐步增加运动量与活动时间。应避免剧烈运动，以防增加食欲。

民间小偏方 [壹]

【用法用量】生首乌、夏枯草、山楂、泽泻、莱菔子各10克，药材先用清水洗净浸泡30分钟，再煎煮2次，药液对匀后分2次服，每日一剂。

【功效】可治疗肥胖症。

民间小偏方 [贰]

【用法用量】取二丑、薏米、红豆各30克，大贝20克，大黄、月石各10克，药材洗净共研为细末，过筛。每次1～5克，每日2次，温开水冲服。

【功效】可治疗肥胖症。

【 推荐药材食材 】

白豆蔻

◎具有行气暖胃、消食宽中的功效，治气滞、食滞、腹胀、噎膈、吐逆、反胃等。

泽泻

◎具有利水、渗湿、泄热的功效，治小便不利、水肿胀满等。

魔芋

◎性寒，味辛，有降血压、降血糖、降血脂、化痰、散积等多种功效。

丝瓜豆芽豆腐鱼尾汤

◎原材料

丝瓜200克、绿豆芽150克、豆腐200克、草鱼尾200克。

◎调味料

盐5克、生姜片2克、花生油适量。

◎做　法

①丝瓜刨去皮，切成块状，洗净。

②绿豆芽洗净；豆腐放入冰箱急冻30分钟。

③草鱼尾去鳞，洗净；炒锅里下花生油、生姜片，将草鱼尾两面煎至金黄色，加入沸水800毫升，煮30分钟后，加入豆腐、丝瓜、绿豆芽煮熟，加盐调味即可。

【功效详解】

●绿豆芽含有丰富的纤维素、维生素和矿物质，有消脂通便、抗氧化的功效。每100克绿豆芽仅含8卡热量，而其所含的丰富的纤维素却可促进肠蠕动，具有通便的作用，这些特点决定了绿豆芽的减肥作用。因此常食此汤，可以缓解小儿肥胖症。

豆蔻瘦肉汤

◎原材料

板蓝根15克、白豆蔻8克、车前子15克、猪瘦肉100克、红枣15颗。

◎调味料

盐适量。

◎做　法

①板蓝根、白豆蔻、车前子、红枣洗净。

②猪瘦肉洗净，切块，入沸水中汆烫。

③将除白豆蔻外的材料放入瓦煲内，加适量清水，武火煮沸后改文火煲2小时，放入打碎的白豆蔻，再煮10分钟，加盐调味即可。

【功效详解】

●白豆蔻性温，味辛，归肺、脾、胃经。白豆蔻含挥发油，其中主要成分为右旋龙脑及右旋樟脑，能促进胃液分泌，增进胃肠蠕动，制止肠内异常发酵，祛除胃肠积气。煮汤食用，对于儿童肥胖症有一定的缓解作用。

流行性腮腺炎

流行性腮腺炎，俗称"痄腮""流腮"，是儿童和青少年中常见的呼吸道传染病，多见于4～15岁的儿童和青少年，亦可见于成人，好发于冬、春季，在学校、托儿所、幼儿园等儿童集中的地方易暴发流行，曾在我国多个地方发生大流行，成为严重危害儿童身体健康的重点疾病之一。本病由腮腺炎病毒引起，该病毒主要侵犯腮腺，也可侵犯各种腺组织、神经系统及肝、肾、心脏、关节等几乎所有的器官。

【 典型症状 】

腮腺肿胀以耳垂为中心，向周围蔓延，边缘不清楚，局部皮肤不红，表面灼热，有弹性感及触痛。腮腺管口可见红肿。患儿感到局部疼痛和感觉过敏，张口、咀嚼时更明显。部分患儿有颌下腺、舌下腺肿胀症状，同时伴中度发热，少数高热。

【 家庭防治 】

腮腺炎病毒对紫外线敏感，照射30分钟可以杀死，故病人的衣物、被褥就应经常日晒消毒。多注意口腔卫生，可每天用淡盐水漱口3～4次，要多饮开水，保持口腔清洁。

民间小偏方 [壹]

【用法用量】取夏枯草、板蓝根各15克，洗净水煎，每日一剂，分2次口服，连服3～5天。
【功效】清热解毒，缓解小儿腮腺炎。

民间小偏方 [贰]

【用法用量】取板蓝根30克、金银花、贯众各15克，洗净水煎，每日一剂，分2次口服，连服3～5天。
【功效】清热消炎，可缓解流行性腮腺炎的症状。

【 推荐药材食材 】

夏枯草
◎具有清肝散结的功效，治疗瘰疬、瘿瘤、肺结核、急性黄疸型传染性肝炎等。

地胆草
◎性寒，味苦、辛，能清热解毒、凉血消肿、止咳利尿，可治各种炎症性疾病。

土豆
◎具有补气、健脾、消炎的功效，可治腮腺炎、烫伤。

夏枯草菊花猪肉汤

西红柿土豆脊骨汤

◎原材料

夏枯草、菊花各50克，
蜜枣4颗，猪肉400克。

◎调味料

生姜片5克、盐适量。

◎做　法

①夏枯草、菊花洗净，用纱布包裹；蜜枣浸泡去核、洗净；猪肉洗净，切块，飞水。

②将夏枯草、菊花、猪肉、蜜枣与生姜一起放进瓦煲内，加入清水适量，武火煲沸后，改为文火煲约2小时，捞去夏枯草和菊花，调入适量盐便可。

◎原材料

西红柿250克、土豆300
克、猪脊骨600克、蜜枣5颗。

◎调味料

盐5克。

◎做　法

①西红柿洗净，切去蒂部，一个切成4块。

②土豆去皮，切成块状；蜜枣洗净。

③猪脊骨洗净，斩件，氽水。

④将清水2000毫升放入瓦煲内，煮沸后加入以上材料，武火煲沸后改用文火煲3小时，加盐调味即可。

【功效详解】

●夏枯草性寒，味苦、辛，归肝、胆经，为清肝火、散郁结的要药，它所主治的大多是肝经不顺的病症。该品配以菊花、决明子等煮汤，可清肝明目，治目赤肿痛，也能消炎散结，对儿童的流行性腮腺炎有一定治疗作用。

【功效详解】

●西红柿性凉，味甘、酸，入肝、胃、肺经，有清热生津、养阴凉血的功效，对发热烦渴、口干舌燥、虚火上升有较好治疗效果。加土豆、猪骨煮汤食用，疗效更显著。西红柿煮汤食用，对上呼吸道和上消化道炎症也有较好的食疗作用。

小儿疳积

　　疳积是小儿时期，尤其是1～5岁儿童的一种常见病症，是指由于喂养不当或多种疾病的影响，使脾胃受损而导致全身虚弱、消瘦面黄、发枯等慢性病症。

　　古代所说之"疳积"已与现代之"疳积"有了明显的区别。在古时候，由于生活水平不高，人们常常饥饱不均，对小儿喂哺不足，致使小儿脾胃内亏而生疳积，多由营养不良而引起，也就是相当于西医所讲的"营养不良"。现在，随着人们生活水平的提高，且近来独生子女增多，家长们又缺乏喂养知识，只会盲目地加强营养，结果反而加重了小儿脾运的负荷，伤害了脾胃之气，造成滞积中焦，使食欲下降，营养缺乏，故现在的疳积多由营养失衡造成。

【典型症状】

小儿面黄肌瘦、烦躁爱哭、睡眠不安、食欲不振或呕吐酸馊乳食，腹部胀实或时有疼痛，小便短黄或如米泔，大便酸臭或溏薄，或兼发低热，指纹紫滞，此为乳食积滞的实证。

【家庭防治】

按揉小儿足三里穴2分钟。通过中医的小儿推拿，帮助宝宝缓解脾胃不适，镇静宝宝情绪。推拿一段时间后，可达到治疗效果。

民间小偏方 [壹]

【用法用量】大麦米50～100克，洗净研碎，煮粥常食。

【功效】主治小儿乳食所伤不思饮食、恶心呕吐、腹胀腹痛。

民间小偏方 [贰]

【用法用量】莲肉、山药、麦芽、扁豆、山楂等量，加少许粳米，洗净煮粥食用。

【功效】主治小儿食积、形体消瘦、纳差、便溏。

【推荐药材食材】

鳗鱼

◎具有补虚赢、祛风湿、杀虫的功效，可治虚劳骨蒸、小儿疳积等症。

胡萝卜

◎性平，味甘，有健脾和胃、补肝明目、清热解毒等功效。

鹌鹑蛋

◎具有益气补血、补五脏、壮筋骨、除湿消热的功效。

鳗鱼枸杞汤

◎原材料

鳗鱼500克、枸杞15克、参须10克。

◎调味料

盐5克、米酒15毫升。

◎做 法

①将鳗鱼处理干净，切段，放入沸水中氽烫，捞起后洗净，盛入炖盅，加水至盖过材料，撒进枸杞、参须。

②移入电锅，加水适量，隔水炖40分钟。

③加盐、米酒调味即可。

【功效详解】

●鳗鱼富含多种营养成分，具有补虚养血、祛湿、抗痨等功效，是久病虚弱、贫血、肺结核等病人的良好营养品。加枸杞煮食，对小儿疳积有很好的治疗作用。鳗鱼是富含钙质的水产品，经常食用，能使血钙值有所增加，使身体强壮。

胡萝卜豆腐猪骨汤

◎原材料

胡萝卜400克、豆腐200克、猪骨400克、蜜枣3颗。

◎调味料

花生油10毫升、盐5克。

◎做 法

①胡萝卜去皮，洗净，切块；蜜枣洗净；猪骨洗净，斩件，入沸水中氽去血水。

②豆腐用盐水浸泡3小时，沥干水；烧锅下花生油，将豆腐两面煎至金黄色。

③将清水放入瓦煲内，煮沸后加入所有材料，武火煲开后用文火煲2小时，加盐调味。

【功效详解】

●胡萝卜有健脾除疳的功效，它所富含的维生素A是骨骼正常生长发育的必需物质，有助于细胞增殖与生长，是机体生长的要素，对促进婴幼儿的生长发育具有重要意义，加豆腐、猪骨煮汤，对小儿疳积有预防和缓解作用。

小儿遗尿

小儿遗尿是指3岁后小儿不自主地排尿，常发生于夜间熟睡时，多为梦中排尿，尿后并不觉醒。中医认为，遗尿为"虚症"，由于腹脏虚寒所致，如肾与膀胱气虚，而导致下焦虚寒，不能约束小便，或者上焦肺虚，中焦脾虚而成脾肺两虚，固摄不能，小便自遗。除虚寒外，还有挟热的一面，肝经郁热，火热挟湿，内迫膀胱，可导致遗尿。

【典型症状】

肾气不足型：睡中遗尿，一夜可发生1～2次，或更多次，醒后方觉，兼见面色无华、智力低下、反应迟钝、腰膝酸软，甚则手足不温、舌质淡、脉象沉迟无力、指纹淡。

肺脾气虚型：睡中遗尿，但尿频而量少，兼面白神疲、四肢乏力、食欲不振、大便溏薄、舌淡、脉缓或弱、指纹色淡。

肝经湿热型：睡中遗尿，小便黄臊，性情急躁，夜间撮牙，面赤唇红，舌苔黄腻，脉弦滑或滑数。

【家庭防治】

经常发生遗尿的孩子，他的遗尿时间往往固定在半夜的某一段时间里，家长可以在孩子经常遗尿的时间之前叫醒孩子，或用闹钟叫醒孩子，让他自己起床小便，坚持一段时间，就能形成条件反射。

民间小偏方 [壹]

【用法用量】生葱白一根，洗净捣烂，每晚睡前敷肚脐，用布包好，次日晨揭去，连用3～5天。

【功效】可治愈小儿遗尿。

民间小偏方 [贰]

【用法用量】车前草15克，猪膀胱1个，二者洗净加水共煮熟，去药渣服用。

【功效】适用于因肝经湿热所致的小儿遗尿。

【推荐药材食材】

补骨脂

◎具有补肾助阳的功效，可治肾虚冷泻、遗尿、滑精、小便频数等。

桑螵蛸

◎具有补肾固精功效，可治遗精、白浊、小便频数、遗尿等症。

猪膀胱

◎具有缩小便、健脾胃的功效，可治尿频、遗尿、消渴无度等。

汤膳食疗 桑螵蛸红枣鸡腿汤

◎原材料

桑螵蛸10克、红枣8颗、鸡腿500克。

◎调味料

鸡精5克、盐2克。

◎做　法

①鸡腿剁块，放入沸水中氽烫，捞起冲净；红枣洗净，去核。

②鸡肉、桑螵蛸、红枣一起放入瓦煲中，加适量水，以大火煮开后转小火继续煮30分钟。

③加入鸡精、盐调味即成。

【功效详解】

●桑螵蛸性平，味咸、甘，归肝、肾、膀胱经，可治尿频、夜尿或小便不禁。如属小儿夜间遗尿，则配远志、茯神等镇静药，和党参、当归等补益药，也可在红枣汤的基础上加桑螵蛸，都有较好的效果。

汤膳食疗 杜仲煲猪肚

◎原材料

桑螵蛸10克、杜仲10克、山药20克、猪肚500克、猪瘦肉100克。

◎调味料

生姜5克、盐适量。

◎做　法

①将药材洗净；猪肚割去肥肉洗净，再用食盐洗擦干净；猪瘦肉洗净，切块。

②锅内烧水，放入猪瘦肉、猪肚焯去表面血迹，再捞出洗净。

③全部材料放入瓦煲内，加入清水，大火烧开后转用小火慢煲3小时，调味即可。

【功效详解】

●桑螵蛸一般宜炙用，不宜生用，生用反而会引起腹泻等不适症状，而且阴虚火旺或膀胱有热者慎服。小儿肾气未充、膀胱失固、夜多遗尿，可常喝此汤，增强肾气，治疗小儿遗尿症。

小儿自汗、盗汗

　　小儿汗症是指小儿在安静的状态下，全身或身体的某些部位出汗较多，或大汗淋漓不止的一种征候。一般入睡中汗出称之为"盗汗"，白日无故汗出称之为"自汗"。但是，因天热或衣着过厚等因素引起的汗出不属于此列。自汗多是因气虚、阳虚，汗孔不能关闭而出汗；盗汗不仅气虚，长期汗出，津液流失过多，"阴"也亏损，所以食疗要养气补阴。

【 典型症状 】

盗汗是入睡后出汗，自汗是安静状态下无故出汗。

【 家庭防治 】

妈妈可以帮孩子按耳穴缓解盗汗。耳穴选肺、脾、皮质下穴，按摩出现热胀感而止，每穴60下，10天为一疗程。

民间小偏方 [壹]

【用法用量】取五倍子30克，洗净研为细粉，每晚在患儿睡前取2～3克，用温开水调成糊，敷于患儿脐窝处，用洁净纱布覆盖，外用胶布或绷带固定，次晨起床后去掉。
【功效】一般患儿5～7天可见盗汗明显好转。

民间小偏方 [贰]

【用法用量】取黑豆20克洗净捣碎，红枣5枚洗净劈开，加适量水炖熟或蒸熟食用，每晚一剂，7～9天为1个疗程。
【功效】一般患儿1～2个疗程可缓解盗汗症状。

【 推荐药材食材 】

玉竹

◎具有滋阴润肺、养胃生津的功效，可治燥咳、劳嗽、热病阴液耗伤之咽干口渴等症。

沙参

◎具有清肺化痰、养阴润燥、益胃生津的功效，可治阴虚发热、津伤口渴等症。

桑葚

◎具有补肝、益肾、熄风、滋液的功效，治肝肾阴亏、消渴等。

汤膳食疗 玉竹南杏鹧鸪汤

◎原材料

鹧鸪1只、玉竹30克、南杏仁10克、蜜枣3颗。

◎调味料

盐适量。

◎做 法

①鹧鸪去毛后剖开，去内脏，洗净斩件；将玉竹、南杏仁、蜜枣分别洗净。

②将以上材料全部放入炖盅内，加开水适量，炖盅加盖，置锅内用文火隔水炖2小时，加盐调味食用。

【功效详解】

●玉竹味甘，多脂，柔润可食，长于养阴，主要作用于脾胃，故久服不伤脾胃。《广西中药志》说其能"养阴清肺润燥。治阴虚，多汗，燥咳，肺痿"。《纲目》说其"主风温自汗灼热"。此汤可治肺虚自汗、脾虚自汗及气阴两虚自汗。

汤膳食疗 沙参玉竹老鸭汤

◎原材料

老鸭1只（约600克）、北沙参15克、玉竹15克。

◎调味料

生姜2片、盐适量。

◎做 法

①北沙参、玉竹洗净；老鸭洗净，斩件。

②把全部材料放入锅内，加清水适量，武火煮沸后，转文火煲2小时，调味供用。

【功效详解】

●沙参有南沙参和北沙参之别。北沙参善养肺胃之阴，适用于热病后期或久病阴虚内热、干咳、痰少、低热、口干、舌红、苔少、脉细弱。自汗多属气虚、阳虚，可用南沙参调养；盗汗多属阴虚，用北沙参调养，收效甚佳。

汤膳食疗 莲子百合沙参汤

◎原材料

莲子、桂圆肉各10克，

百合、北沙参、玉竹、枸杞各15克。

◎调味料

盐适量。

◎做 法

①莲子略泡发，洗净，备用；桂圆肉洗净；百合、北沙参、玉竹、枸杞分别洗净，备用。

②将所有原材料放入瓦煲内，加适量水，以小火煲90分钟，加盐调味即可。

【功效详解】

●百合有养阴、润肺、止汗之功，可治阴虚内热导致的汗出不止之症。莲子能安心养神，可治自汗、盗汗，症见精神萎靡、容易疲劳。北沙参养阴清热之功甚佳，可治阴虚盗汗。此汤有养阴益气之功效，适用于气阴两虚所致的出汗、气短乏力等症。

汤膳食疗 葚樱炖牡蛎

◎原材料

肉苁蓉15克、桑葚30克、金樱子30克、山萸肉30克、枳壳12克、白术12克、红枣10颗、甘草6克、牡蛎肉300克、上汤适量。

◎调味料

料酒10毫升、精盐4克、味精3克、生姜4克、葱8克、胡椒粉适量。

◎做 法

①牡蛎肉、生姜洗净，切片；葱切段。

②中药材洗净，装入纱布袋放入瓦锅，加入上汤，武火烧沸后改文火煮35分钟，取出药包。将药液烧沸，下入牡蛎肉、生姜片和调料即成。

【功效详解】

●《本草经疏》云："桑葚，甘寒益血而除热，为凉血补血益阴之药。"其入肝、肾经，可治肝肾阴虚导致的汗出不止。牡蛎长于收敛，可用于自汗盗汗、遗精崩带等。《千金方》中用牡蛎散治卧即盗汗、风虚头痛。二者同煮食，对小儿汗症有治疗作用。

小儿夜啼

婴儿白天能安静入睡，入夜则啼哭不安、时哭时止，或每夜定时啼哭，甚则通宵达旦，称为夜啼。多见于新生儿及6个月内的小婴儿。中医认为小儿夜啼常因脾寒、心热、惊骇、食积而发病。

【 典型症状 】

脾胃虚寒： 症见小儿面色青白，四肢欠温，喜伏卧，腹部发凉，弯腰蜷腿哭闹，不思饮食，大便溏薄，小便清长，舌淡苔白，脉细缓，指纹淡红。

心热受惊： 症见小儿面赤唇红，烦躁不安，口鼻出气热，夜寐不安，一惊一乍，身腹俱暖，大便秘结，小便短赤，舌尖红，苔黄，脉滑数。

惊骇恐惧： 症见夜间啼哭，面红或泛青，心神不宁，惊惕不安，睡中易醒，梦中啼哭，声惨而紧，呈恐惧状，紧偎母怀，脉象唇舌多无异常变化。

乳食积滞： 症见夜间啼哭，厌食吐乳，嗳腐泛酸，腹痛胀满，睡卧不安。

【 家庭防治 】

按摩百会、四神聪、脑门、风池（双），由轻到重，交替进行。患儿惊哭停止后，继续按摩2～3分钟。用于惊恐伤神症。

民间小偏方 [壹]

【用法用量】蝉蜕、灯芯草各3克，洗净水煎，每日1剂，分3～4次口服，连服2～3剂。

【功效】尤宜于婴儿病后体弱、余热未尽、虚烦不寐、惊哭夜啼之症。

民间小偏方 [贰]

【用法用量】取乌药、僵蚕各10克，蝉蜕15克，琥珀3克，青木香6克，雄黄5克，洗净研细末备用。用时取药10克，用热米酒将药末调成糊状，涂在敷料上，敷脐。每晚换一次，7天为一个疗程。一般一个疗程治愈。

【功效】可治疗小儿夜啼。

【 推荐药材食材 】

远志

◎具有安神益智、祛痰、消肿的功效，用于惊悸、神志恍惚等症。

茯神

◎具有宁心、安神、利水的功效，用于心虚惊悸、健忘、失眠、惊痫等症。

淡竹叶

◎甘淡渗利、性寒清降，主治小儿惊痫、喉痹、烦热等。

汤膳食疗 茅根鲮鱼汤

◎原材料

鲜白茅根500克、淡竹叶15克、鲮鱼肉200克。

◎调味料

生姜2片、盐适量。

◎做　法

①鲜白茅根、淡竹叶分别洗净。

②鲮鱼肉洗净，剁成泥。

③将材料和姜片一起放入炖盅里，加清水适量，用文火炖4小时，加盐调味饮用。

【功效详解】

●竹叶性寒，味甘淡，无毒，入心经、肾经，可治胸中疾热、咳逆上气，对小儿脾寒、心热引起的夜啼有缓解作用。白茅根可治热病的津伤口渴，有凉血作用。二者同用，可清热，缓解热病及小儿心热不安。

汤膳食疗 锁阳炖乌鸡

◎原材料

锁阳20克、煅龙骨10克、远志6克、党参15克、金樱子12克、五味子6克、乌鸡500克。

◎调味料

料酒10毫升、精盐5克、姜片5克、味精3克、胡椒粉3克、葱段10克、上汤适量。

◎做　法

①中药材洗净，装入纱布袋；乌鸡洗净剁块后汆水。

②将药包、乌鸡、姜片、葱段一起放入炖锅内，加入上汤、料酒，武火烧沸后再用文火炖1小时，最后加入精盐、味精、胡椒粉调味即成。

【功效详解】

●远志有治惊悸、神情恍惚的功效；龙骨可镇定安神，治烦躁失眠；党参对气短心悸也有治疗作用，再加入乌鸡滋补，强化功效，对小儿惊骇引起的夜啼有较好的治疗作用。同时，也适用于其他失眠、头晕的患者。

小儿惊风

惊风是小儿常见的一种急重病症，又称"惊厥"，俗名"抽风"。惊风是中枢神经系统功能紊乱的一种表现，引发的原因较多，如高热、脑炎、脑膜炎、大脑发育不全、受到惊吓、癫痫等都可引发小儿惊风。

【 典型症状 】

惊风一般分为急惊风和慢惊风。急惊风的主要症状为突然发病，出现高热、神昏、惊厥、牙关紧闭、两眼上翻、角弓反张，可持续几秒至数分钟，严重者可反复发作甚至呈持续状态而危及生命。慢惊风主要表现为嗜睡、两手握拳、手足抽搐无力、突发性痉挛等症。

【 家庭防治 】

无论什么原因引起的惊风，未到医院前，都应尽快地控制惊厥，因为惊厥会引起脑组织损伤，先要让患儿在平板床上侧卧，以免气道阻塞。如患儿窒息，要立即做人工呼吸。可用毛巾包住筷子或勺柄垫在其上下牙齿间，以防其咬伤舌头。发热时用冰块或冷水毛巾敷头和前额。惊风时切忌喂食物，以免食物呛入呼吸道。

民间小偏方 [壹]

【用法用量】取天麻3～5克洗净，与绿茶2克一同放入杯中，冲入适量的沸水，加盖闷5分钟即可趁热饮用。
【功效】有平肝熄风、镇静安神的作用，适用于小儿惊风等症。

民间小偏方 [贰]

【用法用量】取蝉蜕3克，朱砂0.6克，薄荷叶24克，洗净一同研成细末，分数次用开水送服。
【功效】有抗惊厥、抑制癫痫发作的作用，适用于小儿惊风患者。

【 推荐药材食材 】

石决明

◎具有平肝潜阳、清肝明目、镇静抗惊吓的功效。

蝉蜕

◎具有抗惊厥、抑制癫痫发作的作用，可治小儿惊风、癫痫等症。

防风

◎具有发表、祛风、止痛的功效，主治外感风寒、头痛、破伤风等。

汤膳食疗 蝉蜕冬瓜汤

◎原材料

冬瓜2000克、蝉蜕15克、麦冬20克、鲜扁豆30克、红豆30克、蜜枣4颗。

◎调味料

盐5克。

◎做 法

①蝉蜕洗净，浸泡30分钟；麦冬、红豆洗净，浸泡1小时；蜜枣洗净；冬瓜连皮洗净，切成大块状；扁豆洗净，择去老筋，切段。

②将清水放入瓦煲内，煮沸后加入以上用料，武火煲滚后用文火煲3小时，加盐调味即可。

【功效详解】

●蝉蜕在临床应用于小儿科较多，可治疗肺热咳嗽、感冒发热、小儿夜啼。蝉蜕可以直接泡茶饮用，但要注意使用剂量，特别是小儿服用时，使用量要适当减少，以免引起一些不良的反应。加冬瓜同煮，药效减弱，但更适宜小儿食用，缓解小儿惊风。

汤膳食疗 麦冬扁豆冬瓜汤

◎原材料

桑寄生30克、何首乌60克、红枣6颗、鸡蛋2个。

◎调味料

红糖适量。

◎做 法

①桑寄生、何首乌分别洗净；红枣洗净，浸软，去核。

②将全部材料放入砂锅内，加适量清水，武火煮沸后改用文火煮30分钟，捞起鸡蛋去壳，再放入煮1小时，加红糖煮沸即可。

【功效详解】

●桑寄生有通经络、祛风湿之功效，且有一定的镇静作用。现代药理研究也表明桑寄生有较好的抗惊厥作用。桑寄生与何首乌、红枣、鸡蛋同煮，不仅对小儿惊风有较好的食疗作用，还可增强小儿的机体免疫力。